はじめての動物倫理学

田上孝一

a pilot of wisdom

はじめに

世間一般にある動物の本は、読者を朗らかな心持ちにさせてくれるものが多い。例えば動物の写真集である。可愛（かわい）い猫の写真などをみるのは私も大好きで、愛らしい猫の姿を眺めていると何とも幸せな気持ちになる。動物を主人公にした漫画や絵本も、楽しくてほのぼのするものが多い。こういういかにもなものでなくても、動物が主題になっている本はおおむね動物に関する興味深い知見を提供するもので、読むと知識欲が満たされて嬉（うれ）しくなるのが普通で、何ともいえない居心地の悪さを感じたり、激しい衝撃を受けて思わず反発したくなったりしてしまうというようなものは、あってもごくわずかである。

まさにこの本は、そのごくわずかな中にあっても読者の気持ちを一際かき乱す可能性があるのである。

それはこの本の主題とその扱い方による。

この本の主題は人間の動物とのかかわりであり、そのかかわり方の是非である。この本を書くにあたって私は、できる限り事実をそのままに粉飾することなく描写し、その上でその事実から目をそらすことなく、その事実にふさわしい価値判断を当てはめようと努めた。そうして描写される事実の中には、現行の社会では一般にタブー視されて触れられないようにされているものもある。しかし私はそういうタブー視を一切することなく、それが人間と動物の関係において重要だとされるテーマならばありのままに描写し素直に価値判断を行なった。

このような立場で動物を見つめてはっきりと分かったのは、これまでの人類の動物への扱いが、一部の例外を除くと基本的に不当なものだったということだ。これまで人類は、それが同じ人類同胞だったら決して許されないような仕打ちを、動物に対して行なってきた。つまり人間は、動物はただ彼らが動物であるという理由だけで自由気ままに取り扱っていいと考え、その生殺与奪をほしいままにしてきたということである。

人間は人間に対しては、力の強い者が弱い者に対して好き勝手に振る舞うのは不正だと考え、道徳的に非難するとともに法で厳しくそのようなことをしないように禁じてきた。しかし人間が動物を支配する原理は、人間同士では禁じられている圧倒的な暴力である。

これはつまり、人間は動物を基本的に便利な「生きた道具」だと考えて、自分の欲するままに使い続けているということだ。動物は生きているという点では普通の道具とは違うが、もっぱらそれを使って何かをする手段としてのみ存在するという意味では道具に他ならない。人間にとって動物は常に生きた道具であり続けているということなのだ。

問題はこの動物の道具視が、かつては大いに合理性があったが、今や全くなくなっているという点にある。

かつて動物は人間の生活にとってなくてはならないものだった。農業を考えてみれば明らかだろう。牛や馬を使うことが全て人力で行なうことよりもどれだけ便利なのか、いうまでもない。また交通の要は馬だった。馬がなければ長距離の移動、特に大荷物を抱えてではどれだけの艱難辛苦かは想像に難くはないだろう。そしてこれは人類の負の側面だが、馬は重要な戦争用具だった。馬具の改良は戦力に直結した。馬をどれだけ使いこなせるかが、戦争の勝敗に影響した。動物の使用、特に馬は、これまでの人類になくてはならないものだった。

つまり動物の使用はこれまでの人類にあっては、文明生活の基本条件の一つだったのである。

このように、かつては確かに不正ではあっても、動物を道具として使わないでは文明生活を維持することはできなかった。しかし今は違う。畑は牛や馬にではなくトラクターによって耕され、移動は馬ではなくてクルマや電車で行なう。鳥に乗って移動したいという人類の夢は物理法則によって叶（かな）えられることはなかったが、鉄の鳥である飛行機で超高速で移動できるようになったのである。

つまり今や動物は完全に機械に取って代わったのである。不正であってもどうしても使わざるをえない根源的なレベルでの動物使用の必要性は、もはや消失したのである。

それなのに人類は相変わらず動物を広範囲に使い続けている。現在の人類による動物利用は、不正だが仕方のない必要悪ではなく、単なる悪に成り下がってしまったのである。

ここからは当然、現行の動物利用のあり方を批判し、動物を使わない文明とライフスタイルを、これからの人類は構築すべきだという話になる。これが本書が訴えようとする主眼である。

どうであろうか。ここまで読んだ皆さんには、全くその通りだと納得してもらえただろうか。恐らくそうではないだろう。むしろ多くの読者がそんなことはないと反発されるのではないか。しかし、読者の皆さんには、ここだけ読んで反発するのではなく、是非本文を読んでから、少なくも本書の中心である第二章と第三章を読んでから改めて考えていただきたい。もちろん、私としても全ての読者を首尾よく納得させられるなどと自惚れてはいない。しかし本文を読んでもらえば少なくとも、一見荒唐無稽に思えるような私の主張が、実は長く部厚い理論的蓄積に依拠したものだと分かるだろう。たとえ納得できなくても、確かにこういう意見があり、しかもそれが「動物倫理学」という学問分野を形成している。こういう事実を知るだけでも、それなりの価値があるのではないか。

この本は動物についての本ではあるが、あくまでそのスタンスは倫理学の理論書たらんとすることにある。現代において倫理の問題を考えるにあたって、動物の問題を軽視することはできないというのは、本文を読めば一目瞭然だろう。現代に生きる者としてアクチュアルな倫理学の議論をしようとするならば、動物倫理学は避けることのできない一大分野であり、たとえどんなに反発が起きても理論的に妥当だと考えざるをえない主張は、しないほうがむしろ学問的に不誠実になってしまうということである。

それだから、いわば「清水の舞台から飛び降りる」気持ちで、この論争的な著書を世に問おうとするのである。読者がたとえ私の主張に同意してくれなくても、単なる感情的な反発に留(とど)まることなく、理論的な批判でもって応えてくれることを願ってやまない。

目次

第一章　なぜ動物倫理なのか

動物と倫理を結び付けることの違和感

この本は動物倫理学を予備知識のない読者にも分かるようになるべく平明に解説しようとするものだが、そもそもなぜ「動物倫理」なのだろうか？

多くの読者にとって動物倫理という言葉は馴染（なじ）みのないものだろうと思う。まず、動物が何を意味するかは、専門的にはともかく、日常的な用語としては自明だろう。倫理も、これまたどの程度正確に理解されているかはおくとして、その意味するところはおおむね常識として浸透しているだろう。ところが、動物倫理となると話が違ってくる。多くの読者はまずもってこの言葉に何かしらの違和感を覚えるのではないか。それはまさに「倫理」という言葉の常識的意味と乖離（かいり）しているからだ。

倫理という言葉それ自体は古代ギリシアの哲学者であるアリストテレス（前三八四～前三二二）に由来する紛（まご）うかたなき専門用語であるわけだが、日常的な日本語ではほぼ道徳と同一視されて[*1]、それについて為（な）すべき何かを意味しているように思われる。そのため、単独でよりも、具体的な何かと関連させて用いられることが多い。例えば政治倫理といえば政治家が持つべき倫理で、清廉潔白で、携わっている政治課題に独自な見識を有していなければならないようにいわれ、昨今の政治家におけるその欠如が嘆かれるのが常である。また企業倫理という言葉も似たような意味でよく使われる。企業は確かに営利を追求するものではあるものの、度の過ぎた儲け主義が経営者をして人の道に外れる行ないに踏み込ませたり、それ以前に単に私腹を肥やすために自らの地位を利用するような輩や風潮を嘆いたりする。

もう少し専門的になると医療倫理という言葉もかなり日常化してきた。これは本来、医療事象全般に関連する倫理判断を研究する学問を意味するが、日常的な用法では医師や看護師といった医療従事者が人道に外れた行ないをしていないかを非専門家である市民側がチェックすべきだという文脈で用いられることが多いようである。そのため、医療従事者による犯罪的な逸脱が露見した際に、「医の倫理」の重要性が各種マスコミで唱えられたりする。

このように、必ずしも専門的に正確な意味ではなくても、かといって歪曲や曲解というほどでもなく、それなりの形で「倫理」という言葉が一般的に広まっているが、その基本的な用法は改めて精査するまでもなく、基本的に社会での事柄についてであり、社会というのはいうまでもなく人間によって営まれる人間社会のことである。つまり、倫理とは常に「人間倫理」であって、動物倫理ではない。それなのに動物倫理というのはどういうことなのだろうか？

当然このような、倫理とは人間による人間のためのものであるという前提にあって「動物倫理」という言葉を聞けば、それは人間が動物をどう倫理的に扱うかという話であり、具体的には主として犬猫のようなペット、つまり伴侶動物についての倫理なのではと思うのではないだろうか。

確かに学問としての動物倫理学にあっても伴侶動物の問題は重要であり、そのため後に改めて取り上げもするが、しかし動物倫理学では実は伴侶動物は比較的周縁的な問題になる。それ以上に、もっと広く常識化された前提それ自体が動物倫理学の最も重要な主題となる。

常識的な耳は、動物倫理と聞いて犬猫や動物園の動物を思い浮かべ、それらの動物を人間がどう扱うべきか、虐待せずに大切に扱わなければいけないというようなことを説くのが動物倫理学なのではと思うのではないか。確かに動物は虐待すべきではなく、犬猫や動物園の動物を丁重に扱うのは大切なことではある。だがここで全く問われることがなく当たり前の前提とされている見方こそが、本当の問題なのだ。それは常に人間が主体であり、動物は客体だとされていることだ。

ここで主体とはもっぱら働きかける側のことを指し、客体とは働きかけられる側のことを意味する。人間と動物ということの場合、働きかけるというのはただ能動的に行為するというだけではなく、働きかける客体の趨勢（すうせい）を基本的に全て決定できるまでに絶対的だということをも意味する。そのため、客体である動物は基本的にその運命が全て人間によって支配される。つまり、動物を大切に扱うべきなのは支配者としての主体である人間の温情の問題だということになる。

いつもはほとんど意識されることはないが、動物がどう扱われるかは全て人間がその動物をどう思うかによって決まっている。魚屋やスーパーの鮮魚コーナーに行くと食材としての魚を売っているが、これは我々人類が一部の特異な文化的タブーを除くと魚を基本的に食べてよく、むしろ食べるべきだと考えているからである。我が国はとりわけそうだろう。肉屋も然りである。つまりある動物は常識的に食べるものだと考えられている。別の動物はそうではなく食べずにそっとしておいたり、伴侶として愛玩するべきものだと考えられている。この人間社会の常識によって動物それぞれの基本的な運命は決まるわけである。

何を当たり前なと思われるかもしれないが、まさにこれこそが動物倫理学が問い質す主眼である。つまり本当に動物とは人間がその趨勢をほしいままにできる客体なのかどうか。それは実は不当な偏見であり、動物もまた主体でありうるし、主体とみなさなければいけないのではないかということを問うのである。

もちろんどのような思考実験にあっても、動物が主体として人間を客体化して支配するというのは、SF小説や映画でしかありえない妄想である。人間と動物の力関係が逆転する可能性は実際にはない。[*2] そうではなくて、現行のような人間と動物の支配被支配関係それ自体が変更された上で、動物の主体性が認められるのではないかという話である。

動物とは異なり、人間は自らの運命を他者によって翻弄されてはならないと考えられている。

自らの生き方を自らで決めることができない状態は、基本的な権利が侵害されている状態だとみなされるからである。つまり人間とは侵すことのできない権利を有する存在だと、当の人間自身によって認められ、罪を犯したなどの例外的状況ではない限りは、その基本的な権利が制限されてはならないとみなされている。こうした権利を有することが主体であることの前提条件である。逆にいえば、人間は権利的存在であるからこそ、主体的な存在でもあるということになる。

ということは、動物もまた主体でもありえるのならば、動物もまた権利を持ちうる可能性がありえることを意味する。これが「動物の権利」論の問題設定であり、動物倫理学の最も重要な理論的問題である。

この一点だけからも、動物倫理学というものが容易ならざる、という以上に「不穏」な学問であることが分かるはずである。何しろ動物にも権利を認めろというわけで、ここだけを理由もなく聞かされれば世迷い言の類いに思われるだろう。

しかしもちろんこの動物の権利の主張には理由がないどころか極めて強固な根拠があり、そのために動物倫理学の主要内容として理論化されているのだが、その具体的な内容は後の章に委ねるとして、ここではなぜこうした一見すると荒唐無稽な主張が一定の広まりをみせたのか、その社会的な背景を考えてみることにしたい。「多様性」と「寛容」という考え方の広まりという文脈がここでは重要になる。

多様性の尊重から動物倫理へ

現代社会を特徴付ける指標は幾つもあると思うが、確実にその一つとして数え上げることができるのは、現代においてはダイバーシティ（多様性）が重視されているということだ。個々人が多様で独自な存在であるという事実を真摯に受け止め、各人の属性に基づく差別をしないように戒めるということである。

無論、ダイバーシティは各個人を等しくその個性のままに認め合おうという思想なので、その根底には近代社会の基本的価値観である平等の理念がある。平等理念の現代的な具体化の一つのあり方として、ダイバーシティの尊重があるわけだ。

人類の歴史は差別の歴史ではないかといいたくなるくらいに、これまで多くの人が様々な理由で差別され続けてきたし、今も少なくない人々が差別に苦しんでいる。差別の中には男女差別のように、賃金格差などの形式を通してほとんどの人々や文化でその不正が認識されてきているものもあれば、今話題のＬＧＢＴ（レズビアン、ゲイ、バイセクシャル、トランスジェンダーの略語）のように、まだまだ社会的な周知がなされているとはいい難い差別問題もある。

このような差別問題の解消のためにはダイバーシティのより一層の拡張と社会的浸透が求め

られるが、多様な存在であり、その多様性をそのまま認められるべき人間は、また人間という普遍的で一般的な存在である。このため、これまでの学問において人間の本質を問う場合に、その当時のダイバーシティの意識が如実に抽象的な人間概念の中に滑り込んでいた。

普遍的な概念の「人間」なのだから、その概念の指し示す範囲は、およそ人間と呼ばれる全個体であるはずである。哲学者のように人間の本質について語ってきた人々は、当然こうした全ての人間個体を包含するものとしての人間概念を考えてきたはずだ。

ところが実際には、本来人間個体全てを包含する形で議論される必要がある人間社会の本質に関する考察が、中心的な人々と周縁的な人々にはっきりと分けられて議論されていたのである。

それでも、いわゆる健常者についてはまだしもだった。近代の哲学者の中で自らの人間概念が元より限定的であることを自覚しえた聡明なゲオルク＝ヴィルヘルム＝フリードリヒ・ヘーゲル（一七七〇〜一八三一）は、子供は人間ではないといっていた。この一見非常識な命題には、しかしきちんとした意味がある。子供は人間ではないというのは、子供はいまだ人間の概念を実現していないという意味である。ヘーゲルにあっては概念とは物事の事実をいい表すだけのものではなく、本当の深い意味においては物事が本来そうなるべきあり方をも意味する。ヘーゲルからすると人間はその本質において理性的存在であり、人間の概念は個々人が理性的存在になることによって実現される。子供はいまだ十分に理性的存在ではなく、理性的存在になるよう自己を陶冶している過程にある。従って子供は人間ではなく、大人になることによって自己を人間にしようとする過程にある存在だということである。

ヘーゲルのように人間概念を自覚的に限定することは、無自覚的な見逃しを避けることにつながるが、しかしこうした考えでもなお零(こぼ)れ落ちてしまう存在がいる。それは教育や啓蒙(けいもう)によって知的に成長することが原理的に不可能な人々である。何らかの知的な障害によって、どのような基準にあっても「理性的」と呼べる存在にはなれない人もいる。それらの人々はしかし、人間のカテゴリーから外れてしまうのか？

それとともに、こうした思考法、社会を代表する人格である成人男性が最もよく体現するとされる理性のようなしるしを基準にすることによって、障害者よりもなお一層確実に排除されるのが、他ならぬ動物ということになる。つまり、これまでの標準的な思考法であった多様ではなく一様な人間理解の延長線上に、動物を倫理的考察の埒外(らちがい)に置くという伝統が形成されていたのである。

多様性を尊重するということは、社会の中心を形成する人間集団を人間一般の雛形(ひながた)として、そこから外れる周縁的な人々を議論の埒外に放置することなく、全ての個人を包括するような人間の哲学を構築してゆこうとすることである。

そしてこうした試みによって、図らずも理論的焦点の一つになったのが動物の問題なのである。

社会の支配層を形成する成人男性という典型的な人格のみを人間の雛形にすることを避け、障害者を含む多様な個々人を全て包含するような理論を構築しようとすることは、典型的人格のみを想定していた狭い人間観を前提とした伝統的な思考それ自体を相対化することになり、理論家の中には人間と動物の絶対的区別という知的伝統をも打ち破らんとする者が現れたのである。

こうした流れの中から、人間固有のものだと当然視されてきて、今も一般常識では当然視されている権利を動物にも認めるべきだという議論が、非常に強力な理論的根拠をもって主張され始めたのが、現代の動物倫理学の世界ということになる。

こうして、動物倫理学は一見すると奇妙で非常識な知的遊戯のようにみえるが、その知的背景には、多様性を尊重しようという、今日ではむしろ逆に常識化されつつある価値観がある。そしてこの多様性を重視するという価値観は、周縁的な人々を排除するような差別を許さず、反差別の正義を今以上に広く浸透させようという、現在広範な人々に追求されている社会的な実践運動の理論的基礎ともなっている。

この意味で動物倫理は、一方で伝統的な人間観を刷新する新しい知的探求である点では常識を問い質す挑戦的な知的試みであるとともに、他方で多様性を認め合える社会を構築しようとする現代の新たな常識の延長上に、社会正義実現の一翼を担おうとする試みである。

このような動物倫理学の具体的内容は次章から展開するが、その前に、動物倫理学が倫理学である以上、そもそもの議論の前提として、倫理学それ自体についての最低限の知識が必要である。実際、動物倫理学の専門文献の多くは読者に倫理学の予備知識があることを前提に書かれている。倫理学それ自体の概要を説明することは、それこそもう一冊の著書が必要になるが、ここでは次章からの議論を理解するために差し当たり必要な最低限の前提のみを確認することにしたい。

哲学の一部としての倫理学

大学で倫理学を講義するようになって長い年月が過ぎたが、倫理学の授業だと思ったら哲学の話だったので驚いたという学生からの反応が毎年のようにある。なぜ哲学と関係のない話だと思っていたのか逆に不思議ではあるが、倫理学はまさに哲学と深い関係にあるというか、むしろ哲学の一部門を成す学問である。

哲学とは何かというのはそれ自体が哲学の一つの難問であり、一義的な定義が定説化していないものなのだが、取りあえず、物事を根本的に深く考える試みといって大過ないだろうと思う。物事を深く考えることの目的は、その物事をその物事たらしめているような、その物事の真実をつかもうとするためである。この場合、そのような真実はその物事の「本質」であるといえるだろう。ということは、突き詰めていえば、哲学とは物事の本質を理解しようと試みる学問ということになる。

物事というのは物と事であり、自然界の物質も社会的な出来事も全て含まれる幅広い概念であり、そのため哲学の対象領域も森羅万象に及ぶ広大なものになる。これが哲学という学問を壮大なスケールのものとしているのだが、どのような物事であっても何らかの物や出来事である限り、一つの事実である。しかし哲学がその本質をつかもうとする世界全体は、事実からのみ成るのではない。

普通の意味の事実は見たり触ったり文書で記憶できたりして、空間と時間の中に確かに存在するような、何かしら客観的なものである。そして実はこの事実自体は、それとしては特によくも悪くもなかったりする。

しかし我々はこうした事実について常にその「善し悪し」を論じる。それは倫理的道徳的な善悪のような深刻な重い意味を持つものから、常日頃からさりげなく発する善し悪しの発話まで、大きな幅がある。つまり物事は単にそれとして存在するという事実の問題のみならず、同時に善いか悪いかという「評価」の対象でもあるということになる。物事は物と事という意味では評価とは独立して存在するが、その善し悪しが評価される場合は、そうした評価とは不可分に一体化しているわけである。

評価というのは対象の善し悪しを評することであり、評価される対象が価値である。つまり世界を構成する要素という幅広い意味で物事を捉えれば、物事は事実であるのみならず、価値でもある。そしてこの価値の問題が、倫理の領域ということになる。

こうして事実と価値をいったん区別した上で、改めて価値の本質を問おうというのが倫理学である。つまり広い意味での物事の本質のうち、特にその価値的な側面を解明しようとする哲学的営為ということになり、その意味で哲学の一部を構成する学問分野ということになる。

さらにいえば、価値はそれを為すべき善という意味のそれだけではなく、法としての価値や、美的な価値もある。それぞれ人が為すべき善という意味での倫理と密接に関係するが、相対的には区別され、それぞれ法哲学や美学・芸術哲学の領域を構成する。倫理学は価値の中でも倫理的または道徳的な価値（先述のように、倫理と道徳は取りあえず区別する必要はない）としての善を探求する学問ということになる。

倫理規範と法規範

倫理学が探求するのはそれを為すべき価値である。為すべき価値というのは目的としてそれを為すべき何かのことである。このような何かを一般には規範という。つまり倫理学の考察対象は規範であり、価値の中でも規範的な価値である。法もまた規範的な価値の一つである。その意味で倫理と法は密接に関係する。法も倫理同様にそれを為すべきものであるが、倫理と異なるのは、倫理は基本的にそれをすることが強制されることがなく、その実行が各人の選択に委ねられるが、法の場合は基本的にそれを為すのが前提であり、それを為さなかったり、それに反することが禁じられたりする点である。

例えば人に親切にすることは倫理的に望ましい態度だが、親切にすることが強制されたり、親切にしないと罰せられたりするということはない。この意味で、親切は法ではなくて倫理の問題であり、倫理の中でも徳に関係する問題といえる。これに対して人の物を盗んではいけないというのは選択的な問題ではなく、強制的に禁じられる。また、その実現が褒められることもなく、その実現状態がむしろ平常状態として維持されている。これは倫理ではなく法の問題ということになる。

このように倫理と法は同じように規範に関係するとはいえ、通常は区別されて並存している。しかし全く無関係ではなく、相互に越境することもある。例えば罰則規定がない法律がある。これは守るべき規範の明確な提示ではあるが、強制までも求めないということで、倫理原則に類似した位置にある。倫理の側でも「完全義務」という考え方がある。倫理における義務は通常、選択的に自らの意志で為すものとして提示され、その履行の絶対的強制は求められない。その意味で「不完全義務」である。しかし哲学者の中にはイマヌエル・カント（一七二四〜一八〇四）のように絶対に行なわなければならない義務もあるとして、そのような義務を完全義務だと位置付けた人もいる。道徳的行為なので刑事罰を与えられることはないが、内面の問題としては法律と同じ位置にくるというわけである。

　この意味で、倫理と法は非常に近い位置にあり、その関係を厳格に規定することは難しくもあるが、ここでは取りあえず、倫理的な規範の中で強制的に守るべき部分を抽出して厳密に体系化し、法律としての成文化と社会での実効化を志向するのが法であるとしておきたい。これに対して倫理は必ずしも法律による成文化と強制的な施行を必要としないような選択的な規範を幅広く含みつつも、その中で特に実践すべき規範を明確化し、その合理的な理由を説明しようとする試みだということになるだろう。

　本書はあくまで動物「倫理」の本であって、動物「法」の本ではない。本書の主張内容の多くは原則として、してもしなくてもいい選択的行為に関係している。例えば動物を快楽のために虐待してはいけないというのは自明であり、法的に禁じられるべき事柄である。このような問題について本書は多くを語らない。語るのは肉食のような、現時点では法に関係しない選択的な問題であるが、倫理的には極めて重要な選択肢となるような事柄である。肉食に反対するといっても肉食禁止令の発布を求めるわけではない。とはいえ、後で論じるように、このまま地球人口の増加が続けば、部分的な肉食禁止の発令もなきにしもあらずだろう。その意味でも、倫理と法の区別は相対的なものといえよう。

倫理学の区分

こうして倫理学は法学とはまた違った形で規範を探求する学問であるが、現在の倫理学研究の世界では一般に、倫理学の他に「規範倫理学」という言葉が用いられている。

そもそも倫理学の研究対象は規範なので、わざわざ「規範」を冠するのは奇妙だが、これは「メタ倫理学」という分野が確立したことと関連している。倫理学は人間が為すべき規範を具体的に提示し説明していこうとする学問だが、その実際的内容は個人が身に付けるべき徳や人類にとって望ましい国家や社会のあり方といったことになる。メタ倫理学というのはこのような倫理学それ自体がそもそもどのような性質の学問なのかを研究する分野である。

それとともに、現在の倫理学研究では応用倫理学が盛んに研究されるようになってきている。というよりも、応用倫理学こそが倫理学研究の主流になっている感がある。

応用倫理学は人間生活における様々な具体的諸問題に関して、それらの領域に内在しながら、それらに対する望ましい実践の指標となるような規範を提起しようとする倫理学の分野である。

特に、旧来の古典的な倫理学説では直接対応することができなかった現代ならではの問題に対する倫理学的な考察が盛んに行なわれているし、学問分野としての応用倫理学自体も、そうした現代ならではの問題に応答できる倫理学を模索する中で形成されてきた。応用倫理学を代表する分野である生命倫理学や環境倫理学が典型である。

本書の主題である動物倫理学もこうした応用倫理学の一つであるが、このような応用倫理学が提起され探求されるようになったことも、規範倫理学という言葉が使われるようになった大きな契機となっている。

生命倫理学や環境倫理学もそうだが、動物倫理学でも主要な論者はそれぞれ自身の依拠する規範倫理学上の立場から議論を展開するのが普通である。そのため、次章でそれら動物倫理学の諸学説の紹介に入る前に、ごく簡単でも規範倫理学について触れておく必要がある。

規範倫理学の諸学説

規範倫理学は為すべき行為の基準となる原理の提示を目指している。どのようなやり方で行為をすればいいのか、何のために何を目指して行為すべきなのかといったことのガイドラインとなるような倫理原理である。古今東西様々考えられてきたが、現在主流なのは三つ、または二つにプラス一つであるというのが研究者間のコンセンサスであるように思われる。それは功利主義と義務論と徳倫理であり、功利主義と義務論という旧来の二大学説に、新たに第三の立場として徳倫理が台頭してきたという理論状況といえよう。

これら三学説それぞれについて詳しく説明するのは一冊の著書が必要だし、最低でも一つの章を設けなければならない。そのいずれもできない本書では、次章以下の議論に必要な限りの最小限をごく簡単に説明するに止めたい。簡単な説明でも、これを踏まえておくと、動物倫理学の諸学説への導入が容易になる。また実際に動物倫理の諸学説を解説していく中で繰り返される論点も多いため、後で改めて理解を深めることができると思う。まずは功利主義から説明したい。

功利主義の基本

功利主義は何を為すべきかという基準に、功利性を掲げる倫理学説である。功利性というのは利便性のことであり、役に立つことである。何の役に立つかというと、人間が最もそれを望む物事の実現に資するということである。ということは、人間がそもそも何を求めて生きているのかという基本的な人間観が、功利主義の土台を形成する。

このことは功利主義を体系化した近代イギリスの哲学者であるジェレミー・ベンサム（一七四八〜一八三二）に如実に示されている。ベンサムは、人間が望むのは結局のところ快楽であり、苦痛がないもしくは少ないことが万人に望まれる状態だとする。快苦は常に相伴って生起するが、何事もそれぞれの量を程よく計算して、快楽を最大化するようにすることが幸福になる道である。

つまり適切な快楽計算を行なうことにより、結果的な快楽を最大化するように行為せよというのが、功利主義の古典的な定式化ということになる。

このように、功利主義は基本的に行為の意図や動機よりも、行為の結果を重視し、結果的な目的の実現を唯一の基準として、幸福という目的の実現を目指す倫理学説だといえる。

行為の目的が幸福であるということそれ自体は至極常識的なことであり、最初に倫理学を体系化したアリストテレス以来、連綿と唱えられ続けてきたが、この「幸せになるための方法」を明確に定式化しえたのがベンサムであり、古典的な功利主義であったといえよう。

こうした功利主義の思想的特徴は、行為の結果を基準にするということで、結果主義または帰結主義といわれる倫理学説の代表であり、幸福という目的実現を目指すという意味では目的論的な倫理学説でもあるとされる。そしてベンサムによる定式化の場合は、快苦を基準とした快楽主義的な倫理学説ということになる。

このような古典的功利主義に対しては様々な批判があるが、定番の一つとしては、快楽が唯一の基準ならば、低俗な趣味や邪悪な振る舞いで得られる快楽でもいいのかというものがある。

これに対してベンサムの後継者であるジョン＝スチュアート・ミル（一八〇六〜一八七三）は、「満足した豚であるより不満足なソクラテスであれ」と一般化された標語で有名なように、「快楽の質」を重視した。しかし快楽の質を重視するということは、低俗とされる行為で快楽を感じている人の功利性を否定することになる。このように功利性を否定する思想が果たして功利主義といえるのかという根本的な疑問が生じる。

また、快楽が基準だとすると、確かに快楽を感じているが無意味なことをやっている人は幸せなのかという、古典的な批判がある。現代ではロバート・ノージック（一九三八〜二〇〇二）による思考実験である「経験機械」の批判が定番である。これはその中に入ることによって快楽に満ちた人生を送ることができる機械があったら、そこに入り続けて実際には何事も行なわないのが幸せなのかという批判である。どんなに快楽を感じていても現実にはまどろんでいるだけの時間を過ごすというのはたいていの人々が抱く幸福観に背くため、直観的に説得力のある批判として定番化した。

このような批判を避けるために功利主義の側でも様々な学説の洗練化が行なわれた。その最大のものが、学説の土台となる快楽主義を放棄して、功利主義を選好に基づく選好功利主義に変更させることである。快楽功利主義では行為はあくまで快楽の増大のための手段であり、行為の内容それ自体の善し悪しは、それとしては問われない。何をしようともそれによって快楽が増大すれば善であり、苦痛が増えれば悪である。こういう考えを突き詰めていくと、何をやろうとも脳内に快楽物質が満たされればいいということになり、ここから経験機械のような批判が出てくるわけである。

　これに対して選好というのはしたいことなので、結果的に快楽が生じるために快楽功利主義では無条件にそれを為すべきだとされる行為も、その行為をそもそもしたいのかしたくないのかという基準で腑分(ふわ)けすることができる。経験機械の中でまどろむようなことは確かに快楽を増大させるが、実際には何事も行なっていないため社会的に無意味である。しかし快楽のみを基準にした功利主義ではそれをしなければならない。これは我々の常識的な直観に反する。こうした行為も選好功利主義ならば、したくないという理由でしなくてもよい。古典的功利主義に対してなされた批判の多くが回避できる。

　しかし選好功利主義にもやはり独自の理論的困難がある。快楽が選好に変わっても「邪悪な選好」はどうするのだという批判がなされたり、功利主義を擁護する側からも、選好それ自体は行為選択の具体的な内容を与えないので、やはり快楽が終局的な基準になるとして、経験機械の中で生を終えても何ら問題ではないと常識的な直観のほうを批判し、改めて快楽功利主義が唱えられたりする。

　このような功利主義であるが、そもそもどのような批判も全て回避できる完璧な倫理学説は、存在しない。功利主義には確かに様々な理論的困難があるが、快楽や選好が満たされるのが幸せであり、幸せを目指して有用な行為を計算して行なうべきだという学説の基本自体は明瞭で、幸せになるための有用な行為が善だという考えは、善というものについての市民常識に適うものでもあるだろう。このため、功利主義が現在でも規範倫理学の代表的立場の一翼を担っていることは、至極もっともだといえる。

義務論の基本

功利主義は快楽や選好を基準に、幸福という目的を目指して結果的な効用を最大化すべきだという倫理学説だった。帰結主義である功利主義にあっては、行為の動機や意図、行為それ自体の努力というのは二義的な要素として軽視される。善き意図をもって最大限努力しても、望ましい目的が実現されなければ徒労だとして、積極的に評価されることはない。反対に大してやる気もなく、さして努力もせずにしかし大きな成果を挙げた場合は、まさにその結果のみが評価される。

このような考えを実績重視の真摯な思想だと積極的に捉える向きもあるだろうが、逆に意図や努力を考慮せず、結果だけでプロセスをみないのはいかにも「現金な」考え方だと嫌悪感を覚える人も少なくないだろうと思う。

このような志向の人々に親和的なのが義務論である。義務論では功利主義とは反対に、行為の結果ではなくて動機や意図こそが重視される。行為した結果によって効用が得られて幸福が実現されるから行為すべきなのではなく、行為すべきなのはただそうするべきだからだ。つまり、行為の前に行為すべきあり方を指し示す原則があり、そうした原則が行為者に対して義務として課されると考えるのである。

このような義務論に対して功利主義を擁護する側からは、功利主義のように結果を十分に考慮して、行為を反省的で批判的なものにすることができずに、熟慮を経ていない、あくまで自分がよかれと信じる直観に依拠した根拠の薄弱な倫理思想だと批判されたりする。しかしこうした批判は表層的である。義務論が依拠するのは直観ではなくて原則だからである。原則を直観に過ぎないとするのはあくまで批判者側からの視点であって、義務論者からすれば、功利主義こそが無原則だと映る。

なぜ功利主義が無原則なのか。義務論を最初に体系化した近代哲学の巨匠であるイマヌエル・カントによれば、人間の本質は自由であり、自由であるとは自分の行ないが他者によって支配されず、自分自身によって制御できることであるとした。そして他者の支配とは他人による直接的な支配のみならず、心の内面における意志の問題でもあるとする。

カントによれば、功利主義者が依拠する快楽のようなものは、人間が自然にそうしたいという傾向であり、意志に対して外的に与えられるものである。こうした傾向性に左右されている限り、人間は他者から支配されているのであり、他律的な存在になって自由を喪失している。これに対して、傾向性に惑わされずにそれ自体としての善を自らの意志で自律的に実現するのが、あるべき人間の姿である。

こうしたカントからすれば、功利主義は善に基づく原則によって否定すべき傾向性の側をむしろ道徳の根拠にしてしまっている無原則な思想であり、自由な存在としての人間にはあるまじき倫理学説ということになる。義務論からすれば、ある行為が倫理的であるのは結果的な効用ではなく、その行為があらかじめ立てられた道徳法則に適っているかどうか、法則に従った原則的なものであるかどうかによるということになる。

このように義務論は功利主義とは反対方向を向いた対抗思想ということになるが、このような義務論的な考えもまた、古来馴染み深いものである。宗教では神の命令や世界の法という形で、あらかじめ人間が為すべき事柄が事細かに指示されたりする。倫理学でも規範の究極根拠は神の命令だという、神命説と呼ばれたりする考えもあるが、義務論はこのような伝統的な思考法の延長線上にある。

功利主義に対して現金だという非難は功利主義者からすれば何ら批判にはならず、功利主義はむしろ経済原則に則(のっと)った思想になるが、倫理や道徳は経済や市場とは別原理であるべきだという考えも、根強くあるだろうと思う。功利「計算」という損得勘定を超えたものこそが人間の尊厳を保障するという考えはもっともである。この意味で義務論は功利主義と並び立つ倫理思想ということになる。

もちろん、義務論にもまた多くの困難がある。結果的な効用に縛られずにひたすら原則に依拠しようとするのは立派だし美しくもあるが、時として綺麗事になる。どうしても犠牲が必要な場合、功利主義なら最小の犠牲を基準にすることができるが、いかなる犠牲も許されないという原則のみでは、実際には何もできずに立ちすくんでしまう。義務論者の提起する具体的規範の中に実現不可能な綺麗事が混入しないという保証はない。功利主義は行為の結果に依拠するため、実行困難な規範が導きだされる可能性は少ないが、あらかじめ規範を原則として提起する義務論はこの場合、功利主義擁護者のいうように、確かに論者の直観に依拠した恣意性に左右されてしまう可能性がある。

とはいえ、ここでもまた事情は功利主義と同様である。どのような倫理思想も全ての批判をかわすことはできないということである。

徳倫理の基本

欲求や選好という人間の自然な性向を素直に認めて、結果的な幸福を首尾よく実現できるような規範を提起しようとする功利主義に対して、義務論は、功利主義が依拠する自然な性向をむしろ原則的な善の遂行を妨げる傾向性と捉える。ここでいう「傾向性」は先に説明したように日常的な用法とは異なるカント独特の用法で、個人の理性的な選択を邪魔するような精神的な情念一般を意味する。行為の指標としてあらかじめ与えられる義務の遂行を求める義務論と功利主義は、それぞれが好対照の規範倫理学上の二大立場となっている。

これらの学説は二つとも、倫理的に望ましい行為のあり方の提起であり、どのような行為が倫理的であるかという形で、行為の形式を説明しようとしている。従って議論の主眼は行為それ自体であり、どのような行為者であるかは二義的な問題である。どのような行為者であっても、これをすれば倫理的な望ましさを実現できるというように、行為の方程式を確立しようとしている。

ところが歴史的に洋の東西を問わず道徳や倫理の学説を尋ねると、行為者のあり方を問わずに行為の形式的な方程式を確定しようとするアプローチは、とても一般的とはいい難い。むしろ主眼となるのは行為者がどのような存在なのか、どのような存在になるべきかという議論のように思える。古代中国の儒教ならば君子、古代ローマで栄えたストア派ならば賢者となることが目指されるべき目標とされる。

学問としての倫理学は、古代ギリシアのアリストテレスが、その倫理学上の主著『ニコマコス倫理学』で初めて体系化したが、そのアリストテレスによっても善い行ないをするためには自身が善い人間にならなければならないとされていた。善い人間とは人間にふさわしい美質を備えた人間であり、人間が持つべき美質が徳だとされた。勇気や思慮や慎み深さなどが伝統的な徳目に数えられ、これらの徳を体現しているのが賢者だとみなされた。

このように、現代において代表的な規範倫理学上の立場となっている功利主義や義務論とは対照的に、伝統的には行為それ自体よりも行為者のあり方、行為者の全人的な気質こそが主題になっていた。徳倫理はまさにこの倫理学の原点を再評価しようという動きだといってよい。行為のあり方にばかり注目し、行為者自身を捨象してしまった近代以降の倫理思想の流れが見逃したり軽視したりしてしまった要素を復権する必要を訴えるわけである。

行為そのものの方程式を求めるような形式的志向からは、どうしても形式化できない要素、例えば感情や情感といった側面が零れ落ちてしまう。しかしむしろこうした感情的な部分こそが倫理にとっては重要なのではないか。

例えば他者を思いやる気持ちが非常に重要な倫理的要素だというのは、誰しも認めるだろう。しかしこの思いやりという感情を形式的な倫理規範として一般化するのは難しい。適切に相手を思いやるには臨機応変に、冷淡でもなくおせっかいでもないように程よく中間的でないといけない。倫理的に望ましいレベルで相手を思いやれるには結局自分自身が思いやりのある人間になる必要があるわけである。つまり行為者の全人的なあり方こそが、倫理の中心問題ということになる。

徳倫理はこのように、功利主義や義務論のような行為者自身の気質を捨象してしまうような議論に対する有力な問題提起となっている。功利主義と義務論はともに、近代において確立された考えであり、先にみたようなダイバーシティの欠如が常識だった時代に確立された思想である。だからといってこれらの思想が直ちに男性中心主義だというようにみなすのは短絡的であるが、感情のような伝統的に女性的な要素とされていた側面への気配りが不足していた面があるのは否めない。

現代の常識の一つとなったフェミニズム的要素は倫理学でもケアの重視という形で議論されている。ケアの核心は感情の問題であり、女性的とされて軽視されがちだった徳の復権でもある。この意味で、徳倫理の台頭はダイバーシティの拡張という現代における望ましい思潮とリンクしており、社会的な意義が高いと考えることができる。

もちろん、徳倫理にも多くの問題があるというか、むしろこれまで主流だった功利主義と義務論とは質的に異なる一層深刻な問題がある。それはつまり、徳倫理はこの二つのように規範倫理学上の立場として成立しうるのかという問題である。

功利主義や義務論が代表的な規範倫理学上の立場になっているのは、これらが形式的な行為の指標を示せたからである。ところが徳倫理の真骨頂は、倫理はそうした形式的なものではないことの訴えにある。

しかしそうすると、実際に適切に倫理的行為ができるのは、徳を体現できた一握りのエリートということになる。

実際、伝統的な徳倫理はそのようなものだった。儒教の君子もストア派の賢者も、一握りの優れた人のみが到達できる境地だった。アリストテレスにとっても、倫理は万人のためのものではなく、一握りのふさわしい人たちだけのものという前提は自明だった。

これは徳を重視する倫理が説かれた古代社会が身分制社会だったことからくる必然でもあった。

しかし現代は万人平等の社会であり、倫理規範は少なくとも建前上は万人の等しくなしえるものでなければいけない。そのため近代に倫理思想は形式化されたのである。

当然、現代の徳倫理学者にもこの前提は意識され、誰でも実践できるような形式化が目指されてもいる。しかしそもそもが形式化された倫理へのカウンターという面が強いため、批判対象と同次元の理論化は困難になっている。

例えば善とは徳のある人の行ないだとされたりするが、なぜ徳のある人の行ないが善いのかといえば、それはその人が有徳だからというように、議論が循環してしまうようなことも起こりえる。また徳のある人の意見をしっかり聴いて判断することが大切だといわれたりするが、有徳者が臨機応変に繰りだす規範的判断の真価を判定するためには、自らも有徳になる必要がある。しかしすでに有徳ならば改めて聴くまでもないし、聴かなければいけない徳の足りない人は、規範の是非を適切に判断することができない。これではエリート主義の否定を前提とした現代にふさわしい倫理とはなり難い。

こうしてみると、徳倫理は今のところ功利主義や義務論と並び立つまでの精緻な理論にはなっていないようにみえる。まだまだ議論の積み重ねが必要なのだろう。とはいえ、やはり有力な規範倫理学上の立場として、今後の展開が注目されるのには変わりない。

第二章　動物倫理学とは何か

応用倫理学としての動物倫理学

前章で、現代の倫理学では現代社会ならではの問題に倫理的指標を与えようとする応用倫理学研究が盛んであると述べたが、動物倫理学はこの応用倫理学の一部である。ということは、動物倫理学もまた、現代ならではの時代状況に後押しされる形で、その理論的な重要性が意識されるようになった分野だといえる。

人間はその発生の当初から常に動物とのかかわりの中でその生を紡いできた。ラスコー洞窟の壁画で有名なように、絵画の最初のモチーフも動物であった。人類はこれまで動物について莫大な思索を重ね、宗教文献をはじめとして、哲学や文学の中にその考えを示してきた。当然倫理学史にあっても、動物への探求は連綿として続いていた。

しかし現代の学問としての動物倫理学では、こうした伝統的思想との連続性以上に断絶の面が大きい。それは動物をめぐる現代の状況が、過去の思想家には想像も付かないレベルのものになっているということに起因する。

一つは動物関連科学の飛躍的な発展である。動物と人間の連続性は後でみるように、すでに先駆者によって予見されてはいたが、現代の科学は人間と動物との本源的な連続性を分子生物学的なレベルにまで精緻化した形で証明している。このことは、人間と動物との断絶に立脚して人間の独自性を説いてきた旧来の伝統がもはや維持不可能になっていることを示唆する。

もう一つは産業革命後の文明発展、特に二〇世紀に入ってからの人口爆発が、人間社会における動物の位置を根本的に変えてしまったということである。人間は常に動物を利用しようとするため、多数の人口にはそれに見合う数に動物が増えないといけない。そのため人類は莫大な数の動物を新たに誕生せしめた。その主要な種類は家畜であり、家畜の総数は今や地球人口を軽く凌駕（りょうが）するほどに膨れ上がっている。この結果、人間の動物利用が人間に利便性をもたらすだけに留まらずに、その副作用として深刻な環境破壊の一因となってしまっている。増えすぎた人口と伝統的な動物利用のライフスタイルは、人類にとって持続可能性を脅かすものへと転化してしまっている。

この時代状況に呼応するように、動物倫理学は伝統的な動物観を相対化し、それを現代社会にふさわしいものへと変えようとすることを問題意識の前提としている。では伝統的な動物観とはどのようなものであったか。

カントにみる伝統的な動物観

動物倫理学が相対化しようとする動物観は、単に伝統的なだけではなく、一般的な常識としては今も強固な前提として広く浸透しているような考え方である。動物は人間に似ているところも多々あるが、しかしその類似は表層的なものであり、本質的な深いレベルでは人間とは異なる存在だという見方である。

この動物観は古来のものだが、現代に直結する近代の思想家たちにも堅持されていた。例えば、まさに近代を代表する哲学者の一人であるカントに、その典型をみることができる。

カントは先に、規範倫理学の主要学説の一つである義務論の創始者としてその倫理学説を瞥見したが、自律としての自由を本質とする人間はカントにとって、人格的な存在者でもあった。人格的であるというのはそれが単なる手段として扱われてはならない目的的なものであることを意味する。人格としての目的的存在であることに人間の尊厳の根拠がある。倫理的義務の遂行は人格的存在としての人間の尊厳を守り高める行為だというのが、カントの人間観であり、倫理観でもあった。

ではこのカントは、人間ならぬ動物をどう考えていたのか?

この点で興味深いのは、カントが債権について説明する際に、馬の引き渡しに関する契約を例示していることである（『人倫の形而上学』「法論」第二一節）。現代であれば中古車の売買にあたるような場面である。クルマを引き取れば完全に自分の物になるが、いまだ取引先のガレージにある場合は、所有権は不安定だという話をしている。カントではクルマではなく馬であり、ガレージではなく厩舎だった。しかしその本質は同じである。カントにとって馬は、現代の我々にとってはクルマと同じである。つまりそれは乗るための移動手段であり、取引によって売買される物件であって、生きた個性ある存在ではないのである。カントにとって動物は人間のような人格ではなくて、物としての物件だったのである。

カントが人間を目的として扱うべきだというのは、それが人格だからである。目的は手段あってこその目的である。ある何かを目的として尊ぶためには、遠慮なく使える手段が必要である。人間は目的であるから、もっぱら手段として無造作に使ってはいけない。人間をもっぱら手段として扱うことの最たるものは、人間をあたかも物件のように、値段を付けて売買することである。まさにそのような人間が奴隷なのであり、このような奴隷売買が制度化されていたのが奴隷制社会だった。

カントは人間は生まれながらに平等であるという近代社会の理念を体現する哲学者の一人として、人間の本質をそれが手段化されえない人格であるとみなし、悪しき奴隷制の過去と決別した。しかしカントの奴隷制に対する否定は、本当は不十分だった。確かに彼は人間の隷属を徹底的に否定したが、それは動物の隷属と表裏一体だったからである。もはや人間の首に値札がかけられることはなくなったが、馬は相変わらず売り買いの対象とされているのである。

そしてこれは全くカントに限ったことではない。何となれば今現在に至っても、馬の売買は変わることなく続いているからである。つまりこれは、人類は同胞に関しては奴隷的に隷属させることの悪を常識としてあまねく浸透させることができたのに、こと動物に関してはそうではないということである。そしてこの現在の常識を悪弊として告発することが、後にみるように、動物倫理学の主要な理論内容となるのである。

とまれ、カントにあっては人間と対照的にもっぱら物件としてしか認められなかった動物であるが、ではそうした物としての動物は、物であるがために人間が自由気ままに扱ってよいとカントはみていたのだろうか?

決してそんなことはなかったのである。先にみたように、カントにとって道徳の根拠は自律であり、道徳として課せられる義務は、他者から強制されるものでなく、自分自身の義務である。そしてカントははっきりと、動物を残酷に扱うことは人間の自分自身に対する義務に背くことであるとした(『人倫の形而上学』「徳論」「倫理学の原理論」第一七節)。

ところが、カントが動物に対する非道を禁じたのは、あくまでそれが人間自身の心のあり方に影響を及ぼすからという理由であるに過ぎない。つまり動物に残酷な振る舞いをすると動物の苦痛に対する同情心が鈍くなり、それが人間同士の道徳感情に悪影響を与えるからだというのだ。動物それ自体が道徳的配慮の目的ではないということである。カントは一方で、単に知識を増やすためだけにする苦痛の多い動物実験は、それをしなくても同様の目的に達せられるのならばするべきではないとしておきながらも、他方で動物実験の目的自体は賞賛に値し、生きた動物を実験に使う生体解剖者の行為は残虐であるが、この残虐な行為も動物が道具になることによって正当化されるとしている。つまり、できれば残酷な動物実験をするべきではないが、それ以外に目的に達する方法がなければ、神聖な目的のために残酷さは容認されるとしているのである（『コリンズ道徳哲学』）。これはまさに動物が人格ではなくて物件だからで、もし人間ならば、たとえ医学の発展のためという大義名分があったとしても、残酷な生体解剖をカントが許容することはないだろう。それは人間が動物と異なり、手段的な物件ではなく、目的的な人格だからである。

こうしたカントの考えは、単に代表的な哲学者による典型的な伝統的動物観として重要なだけではなく、現在の我々にとって動物を扱う上での常識となっている動物福祉的な見方に通じるところが多く、その意味でも興味深い。

現代の常識である動物福祉的な見方というのは、動物を人間の手段として利用することを前提にしながらも、動物に対してできる限り思いやりのある扱いをするというものである。カント同様に、動物が人間同様に目的視されることはないが、かといって全く好き勝手に扱って虐待をしてはならないという考え方である。

このような考えは現代では常識として、これに異を唱える人はいないだろうし、実際動物を虐待したら法律でも罰せられるようになっているが、実はこのような常識に、動物の側に立って異を唱えるのが、現代の動物倫理学の基本観点なのである。その詳細は後に譲るとして、ここで問いたいのは、なぜカントが動物を手段としての物件と考えたかということである。

カントは動物が物件であることの理由に動物には責任能力がないことを挙げている。しかしこれでは動物に限らず人間の子供も物件になってしまう。先にも述べたように、成人男性を人間一般にしてしまう典型的なダイバーシティの欠如であり、根本的に欠陥のある理論である。ただここで問いたいのはむしろ、この一面性の背後にあるカントの動物理解である。カントは動物という存在を事実としてどう考えていたのかということである。

カントには動物に関する詳細な論考はないので、彼が動物を本当のところどう考えていたのか正確には分からない。恐らく理性はないが生命のある存在だというのが、動物に対する彼の前提的な見方だろう。理性がないがために責任能力もないわけである。

ただ理性がないという場合、人間よりも理解能力が劣るということなのか、それ以上にそもそも心それ自体がないということなのかは判然としない。カントは動物への同情を強調するが、同情は通常、他者の、この場合は動物の感情に対する共感から生じるので、動物には感情があることをカントは認めているように思えるが、カントは言葉としては、動物には自己意識がない（『コリンズ道徳哲学』）ともいっている。虐待されて動物は苦しむ。苦しむのは感情があるからだと、我々は常識的に思う。感情があるということは心があるということなので、心が司る自己意識がないというカントの言い分は理解が困難である。

思うに、カントは動物について確かな見識を有していなかったというのが本当のところだろう。ただ、もしカントが本気で動物には自己意識がなく、それどころか心そのものがないと考えていたとしたら、彼は実にルネ・デカルト（一五九六～一六五〇）と同様な動物観を抱いていたということになる。そしてデカルトこそは、我々の常識的な直観には激しく反するものの、理論的には最強度に伝統的な動物観を根拠付けた哲学者ということになる。ではデカルトは動物をどう考えていたのか。

機械としての動物

カントは動物に対して、その道徳的地位としてはもっぱら手段として利用されるのみの物件とし、存在それ自体としては理性なき「物」だとした。事実として理性がなく、それどころかそもそも常識的な意味での心自体がないから、動物をもっぱら生きた道具として人間の好きなままに利用してよいということになる。もちろん、人心を荒廃させるような扱い方は駄目だが、それは動物それ自体の苦痛のためではなく、苦痛を感じているようにみえる動物を人間がみることによって、その者の道徳心を荒廃させるからである。

カント自身は苦しむ動物への配慮を訴えながら動物には自己意識がないといってみたりして、

論理的な一貫性の欠如を感じさせたが、カントに先行するデカルトはすでに、これを極めて一貫した形に理論化していた。デカルトによれば動物は原理的に心がないのであり、心がないがために動物はそもそも苦痛を感じていないのである。苦しんでいるのはそうみえるだけで、実際は苦しくも何ともないということである。つまり動物は生きてはいるが心がない機械のようなものであり、今日風にいえばロボットだということである。

こうしたデカルトの考えは一般に動物機械論といわれるが、こうした考えそれ自体はデカルトの時代にあってはそれほど新規なものではなかった。デカルトの同時代人であるトマス・ホッブズ（一五八八〜一六七九）もまた生物をはじめとして国家のような人為的な組織をも機械をモデルに捉えていた。そしてホッブズにせよデカルトにせよ、機械の類比が真っ先に適用されるのは人間それ自体だったのである。

デカルトが人体を機械のアナロジーで捉えるようにさせた時代的背景としては、文字通り機械技術の進展がある。代表的なのは機械式の時計である。そして機械式自動人形であるオートマタが、デカルトの時代には盛んに作られていた。まさにデカルトは、人体をこのオートマタのアナロジーで捉えたのである。有名な『方法序説』（一六三七年）の中で彼は、人体はオートマタであるが、ぎこちなく動く人の作るオートマタと異なり、神の手によって作られた精巧な機械であるとしたのである。

であるならば、動物もまた神によるオートマタであり、その限り人間と同類であるはずである。それなのになぜ動物だけが機械とされるのか。

それはデカルトの二元論的な世界観に基づく。

デカルトはこの世界を原理の異なる二つの実体よりなるものとした。一つはまさに機械を構成するような物体であり、その最も基本的な性質である属性は延長、つまり大きさである。ところがデカルトはこれに加えてもう一つ精神という実体があるとした。その属性は思惟であり、理性的に物事を考えることができることである。

お分かりであろうか。人間も確かに機械ではあるが、人間は単なる機械ではなく、思惟する機械であり、心ある機械なのである。そしてキリスト教的な思想家の全てがそうであるように、デカルトにとっては精神は物体よりも質的に尊いものである。つまり人間は確かに身体的延長のレベルでは動物同様に神の造ったオートマタに過ぎないが、精神という実体を本質とすることによって動物とは根源的に異なる尊い存在だということである。人間は身体としては機械ではあるが、その本質においては単なる機械ではない。対して動物は終始一貫機械である。これがデカルトの考える動物機械論ということになる。

動物機械論の帰結

デカルトは人間も動物も神の造った機械には違いないが、人間は永遠不滅の魂という心がある点で動物とは異なり、単なる機械ではないとした。加えてデカルトは、まさに彼の思想の背景である時計を例示して、時計がただ歯車と振り子からなっているだけなのに人の手で行なうよりも正確に時を刻むことができるように、動物もまた心なき器官の組み合わせでできているにもかかわらず、多くの事柄で人間よりも器用な動きができるのだとした。このため、外見からはどんなに動物が人間同様に心があるようにみえるとしても、時計の中身がなお歯車と振り子であるように、動物は人体同様、人為の為せる業ではない、神によって形作られた精密無比な機械に過ぎないとしたのである。

このようなデカルトの動物観からは一体どのような実践が導かれるのだろうか？　動物が心のない機械だからといって、それを無造作に壊していいということにはならないはずである。動物が人間同様に神によって造られたものであるのならば、心がないからといって好き勝手に殺す＝壊すのは、神を冒瀆（ぼうとく）することにもなろう。動物機械論が直ちに動物への無慈悲さを促進させるとまではいえないだろう。

しかし動物が心のない物であるならば、その扱いは基本的に所有された財産と同じものになる。まさにカントが馬をそうみなしたように、自家用車の所有者はマイカーを大切に扱うだろう。高価な宝石ならばなおさらだ。しかしクルマも古くなれば買い換える必要があるし、いまだ乗れても頻繁に繰り返されるモデルチェンジに誘発されて、もっとよいものを求めるために下取りに出されたりもする。宝石も生活に困れば質草へと転ずるだろう。

つまり、それを機械とみるような動物観では、動物が保護される基準は人間よりもずっと低く、何らかの必要とそれらしい理由があれば、それほどの心理的葛藤もなく、動物側の利害は無視されるということである。

どのような理由があっても個人的欲望を満たすために殺人を犯すことは許されないと、我々は常識として考えている。カントの倫理学を知らなくても、人間は単なる物ではないのだから各人の好き勝手にしてはいけないという見方が常識化しているからだ。しかし動物が機械ならば、動物は物である。物も大切にしたほうがいいが、それは所詮心掛けレベルの話で、厳しい原則としてそうすべきだという話にはならない。加虐趣味や単なる気晴らしのために動物を殺すのは強く忌避されるが、肉を食べるためという理由ならば問題なく許容される。人肉食が常識化される気配はないが、牛や豚は美味だという理由で味覚の充足という欲望を満たすために殺すことが常識化している。してみると、動物機械論というのは、動物を手段として利用するための最も強固な理論的基礎になる。基本的な食材としての利用という理由は、物を保護対象から外すにはあまりある正当性なのである。

こうしたこともあってか、初期の動物実験推進者がデカルト及びデカルト的な思考の支持者だったというのは、実にもっともなことであった。

動物を実験素材として生体のまま解剖するというのは長く続けられてきているが、カントがその残酷さを危惧した当時は麻酔技術が未発達で、麻酔なしで切り刻むという蛮行が罷り通っていた。当然動物は苦痛に身を悶え、実験室は阿鼻叫喚の地獄絵図と化すが、このような修羅場を実験者が科学や医学の発展のためという大義名分のみでやり過ごすのは困難だった。そのような実験者の苦悩に大きな慰めを与えるのが、デカルト的な動物機械論である。すなわち、動物は心のない機械なのだから、苦しんでいるようなのはそうみえるだけで、本当は苦しんでいないのだという動物観である。

しかしこうした見方が真理だとすると、今度は麻酔ができてもあえてする理由がなくなってしまう。実際、動物実験を科学的な方法論として確立したと一般に評されているクロード・ベルナール（一八一三〜一八七八）は、すでに人体では麻酔法が確立しつつあった時代にありながら、動物に対してはこれを用いようとせず、無麻酔のまま犬をはじめとする夥しい数の動物を生体解剖し続けた。ベルナールはデカルトの学徒だったわけである。この様子を間近にみていた彼の妻と娘がその凄惨さに心を痛め、夫と父の実験を止めさせようとし、ひいては動物実験反対団体を立ち上げるまでに至ったというエピソードは有名である。

当然現在の実験者や実験支持者に文字通りの動物機械論者はいないだろうとは思う。動物を生体解剖する人々も、動物は確かに苦痛を感じていると考えて、その苦痛を和らげるために麻酔をしているはずである。しかし、では彼らが動物の苦痛を人間同様に重視しているかといえば、話が違ってくる。もしそうならば動物実験それ自体がおいそれとはできなくなってしまうからだ。そのため、動物実験を理論的に正当化しようとする現代の哲学者の中にも、現代的に洗練された動物機械論的な学説を提起する者もある。動物は痛みを言葉でいい表せないから、その痛みは人間のように真正ではないというような議論である。

してみると、確かにデカルトそのものの動物機械論、動物は心なき機械だから内面世界がなく、彼らは本当には痛みを感じていないというような議論は、動物関連科学が進歩した現代では荒唐無稽な響きがある。しかし動物の精神世界を人間とは質的に断絶したものとして捉える現代風の動物機械論、というよりも動物特殊論は、カントに代表されるような伝統的な動物観の延長にあるものであり、その根本が現代の動物科学の諸知見とバッティングするにもかかわらず、なお伝統の力に支えられて、根強い先入見であり続けている。

人間と動物の連続性

こうしてデカルトやカントに代表される近代西洋哲学における動物観は、動物は人間とは根本的に異なるという人間特殊論を前提としていた。この考えは、生命を栄養と生殖を基本とする植物的な生と、これに運動と感覚が加わる動物的な生に分けた上で、唯一人間のみが他の動物にはないロゴス（理性）を有するのだというアリストテレスの人間観を直接に継承するものである。こうした古代の人間特殊論は、その後に人間は神の似姿だとするキリスト教によって裏打ちされることになり、近代に至るまで決定的な思考のパラダイムとなっていた。

それとともに、人間が特殊であることは、キリスト教のような宗教的権威によらずとも、揺るぐことのない客観的な事実だと考えられてきた。

こうした人間特殊論的パラダイムを揺るがし、人間と動物の連続性を否応なしに人々に意識させるようになった最大の契機が、チャールズ・ダーウィン（一八〇九～一八八二）による進化論の提唱であった。

そしてこうした進化論に基づく動物関連科学の発達が、伝統的な人間特殊観が科学的事実に反することを次々と明るみに出していった。これまでそれこそが人間と動物を分けるとされていた指標が、むしろ反対に人間と動物との連続性を証明することになってしまうという思考の逆転現象が起きたのだった。

例えば伝統的に言語こそが人間固有の精神的機能であり、人間のみが言語的存在だとされてきた。ところが現在では、チンパンジーやゴリラのような大型類人猿を代表として、複雑な音声コミュニケーションを行なっている動物が少なくないことが報告されている。よほど特殊な概念規定を行なわない限り、人間のみが言語的存在だとはいえなくなっている。

社会や家族といった関係を結べるのも人間だけである。それが「社会的存在」であるというのが人間の人間たるゆえんだとする観念も根強い。しかしすでに言語による複雑なコミュニケーションが行なえること自体が、そうした存在が社会的存在である証拠である。また家族や仲間に対する愛情溢れる関係というのも、多くの動物で観察されている。動物もまた社会的存在なのである。

これだけで十分だと思うが、他にも道具の使用なども人間特殊論の拠り所とされていた。しかし実際は多くの動物が道具を使うし、道具を改良したり、道具を組み合わせて使ったりもする。ここでもまた、旧来的な見方は維持不可能である。

そして何よりも、こうした人間と動物との連続性は、ダーウィン以降最大の生物学上の発見とされるDNAの二重らせん構造の解明によって、疑う余地のない形で客観化されている。

我々人類は生物学的には類人猿のグループに含まれるが、類人猿といっても小さなテナガザルから大きなゴリラまで多様である。当然伝統的な動物観からすれば、人間はどの類人猿ともDNAが大きく異なっているはずである。つまり、人間以外の類人猿同士のDNAの差と比べて人間と類人猿のDNAの差は際立って大きいというのが、伝統的動物観に合致する生物学上の事実になるはずである。ところがこの目論見は大きく外れる。人間と最も近いとされるボノボ（ピグミーチンパンジー）と人間のDNAの差は、ボノボとテナガザルのDNAの差よりも小さいとされるからだ。

もちろん、このことは人間とチンパンジーが生物学的に全く一緒だという話ではない。その差は少ないとはいえ、確かな違いも存在するからだ。しかし確かに人間とチンパンジーは違うとはいえ、かつて考えられていたように隔絶した質的違いでは全くなく、生物としての基本的な共通性を前提にした上での違いに過ぎないというのが、現代生物学の知見が我々に示唆するところなのである。

こうして人間と動物は伝統的には質的に隔絶されたものだと考えられてきたが、現代の動物に関する知見はことごとく、この伝統的な人間特殊論の反証となっている。もちろん、人間と動物は全く一緒ではない。人間は動物のようにただ社会的な存在であるだけではなく、動物のできない複雑な言語活動に支えられた文化的存在であり、高度技術を有する文明的存在でもある。しかしこれらの指標は伝統的に人間と動物を分かつ分水嶺とはされなかった。人間と動物はもっと根源的な次元で、一個の生物それ自体として本質的に違うとみなされてきたのである。しかしそうした根本的なレベルにおいては、人間と動物に違いはない。現代の動物関連科学が教えてくれる最大のメッセージは、人間もまた人間という動物だという揺るぎない事実である。

伝統的動物観への挑戦

人間と動物は根本的に地続きであるというのが今日の科学的前提であり、動物と人間は本質的に違うというのが、西洋哲学史の主流を成していた伝統的な思考法だった。

しかし主流には支流があり、正統には異端がある。哲学の歴史にあっても、人間と動物の本源的な親近性を訴えるオルタナティヴな流れが、確かに存在した。

最も古くはソクラテス（前四六九頃〜前三九九）以前の哲学者であるアナクシマンドロス（前六一〇頃〜前五四六頃）にみられる。古代ギリシアやキリスト以前のローマ時代にはキリスト教の前提に縛られない、自由な思考の展開を多々みることができる。とはいえ、やはりここでも主流はキケロ（前一〇六〜前四三）のように動物に対する人間の独自性を強調する議論だった。

近代に至ると、イギリスでは経験論哲学が興隆した。経験論は文字通り経験的な観察を重視する。率直にみれば動物と人間の類似性は明らかなはずで、経験論者は押しなべて人間と動物の近似性を主張していたように思われるが、実際には経験論の代表者であるジョン・ロック

（一六三二〜一七〇四）は敬虔なキリスト教徒だったという思想的背景に妨げられてか、キリスト教の教義と抵触しかねない、人間と動物の区別を相対化する議論にまでは進まなかった。しかしロックの後継者であるデヴィッド・ヒューム（一七一一〜一七七六）は、キリスト教のドグマによって経験論者としての原則を曲げることなく、観察に基づいて人間と動物の近似性を訴えた。ヒュームは共感を重視したが、動物をみれば分かるといって、共感の感情は動物にも共有されていることを強調したのである。しかしだからといってヒュームは、動物は人間と本質的に同じだとか、動物にもまた権利があるとかいうような段階にまでは議論を深めることはしなかった。

同じような中途半端さは、やはりイギリス経験論の土壌から出てきたジェレミー・ベンサムにも共有されていた。ベンサムは後に詳しくみるように、当時にあっては驚くべき先見の明で動物と人間との同質性を訴えたが、しかしここから自らの論理が導くままに、動物を人間と等しいレベルで配慮することはできなかった。

このような中途半端さは、これらの巨匠的哲学者ですら思慮不足だったというよりも、やはり彼らも時代の子として、あまりにも巨大な歴史的制約に縛られてしまっていたためだろう。

確かに古代ギリシアのピュタゴラス（前五八二頃〜前四九六頃）以来、動物の命を尊び、肉食を忌避する伝統は連綿としてあった。東洋においてはいうまでもないだろう。しかし現代のように栄養学の知識が十分ではない中で肉や動物性食品を絶とうとする試みはリスクが大きく、そのような試みをする人々にはおのずと求道者的な相貌が備わらざるをえなかった。また、代替手段がない中で習慣化された動物利用を自ら退けようとする人々は、動物を使わないことによる不便さを物ともしないような意志の強さが求められた。こうした歴史的制約は、動物に対する正しい理論的把握の延長線上に動物を本格的に擁護しようとすることの困難さとともに、それでもなお自らの理論的帰結に忠実たろうとする人々を、奇人変人の類いとして社会の周辺に押しやる強い圧力となった。

それだから、人間との本質的な同質性という、現代的動物観の大前提を確立したチャールズ・ダーウィンその人も、個人的な実践にあっては、自らが破壊したはずの従来の常識通りに、肉食をはじめとした動物利用の習慣を変えることはなかったし、大きく盛り上がりをみせていた動物実験反対の動きには、むしろこれに反対さえもしたというのである。

このように理論と実践の乖離がむしろ常識視されていた時代にあって、しかしまさに突出した「奇人変人」として、首尾一貫した動物擁護を訴えていた先駆者も、ごくわずかではあるが、確かに実在した。その一人がルイス・ゴンペルツ（ゴンパーツ）（一七八三頃〜一八六二）である。

ゴンペルツは一八二四年に出版された『人及び獣の状況についての道徳的探求』の中で、当時の動物擁護者の常識とは異なり、理論と実践の乖離を問題にしていた。そして自ら、動物に対する倫理的振る舞いの徹底的な実践者たろうとした。この本の後半でゴンペルツは、前半で提起した倫理原則が導く実践のあり方について、自らの代弁者と批判者との架空の対話の体裁を取りながら、具体的に説明している。

批判者の問いには、今でもよくされるような内容が多々ある。肉食をしなければ健康を害するのではないかという定番に対してゴンペルツは、当然そんなことはないと、当時知りえた栄養学上の知識を踏まえつつ反論するわけだが、いかんせん今とは違い、確実に断言しかねるところもある。実際現在と異なり、ビタミンのような必須栄養素の知識が不足していた時代には、動物性食品を控えることによって健康を増進させることのできた多くの人々だけではなく、栄養欠乏によって身体（からだ）を壊してしまうような人もいた。その意味で、絶対の肉食忌避は今と違ってリスク含みだった。

そのためか、ゴンペルツも他者に無理強いはしない。しかしこと自分自身に関しては、たとえ健康を害しても筋を貫くことを強調している。ゴンペルツ自身は身体に合っていたのか八〇近くまで生きて、当時としては長命だったが、倫理原則のためなら死も厭（いと）わないという厳しさは、今にあっても極端な立場だろう。

さらに驚くべきことに、ゴンペルツは肉のみならず、乳や卵も食べるべきではないと主張していた。牛乳は子牛の物であり、卵は雌鳥（めんどり）の物である。誰の物にせよ奪うのが不正ならば、人間だろうと動物だろうと同じだというのが、ゴンペルツの考えである。加えて卵を奪うことは、雛が生まれる可能性も奪うことでもある。

ゴンペルツの思考の特徴は、それが人間に対してならば当然であることを、そのまま動物にも敷衍（ふえん）しようとする点にある。同じ倫理原則を人間のみに適用し、動物には適応しないのはおかしいというわけだ。このような考え方は後に詳しくみるピーター・シンガー（一九四六〜）を先取りしている。実際、ゴンペルツの動物論が長い忘却の中から救いだされたのはシンガーによる再発見によるところが大きい。シンガーは自著でゴンペルツを紹介し、『人及び獣の状況についての道徳的探求』の復刻版に序文を寄せてもいる。

ゴンペルツの基本的な考えは、それが動物に対してであっても不必要な悪を生みだす行為はすべきではないというものである。ということは、同じ行為でも条件によって結果的な悪が生じないのならば、それを禁ずる理由はないということになる。牛乳がよくないのは、人間が奪うことによって子牛が飲むべき分を奪うからである。そのため、仮に事故によって子牛が死んでしまい、母乳がいたずらに出ているような状態ならば、こうした余りを人間が飲むことは問題がないとされる。もちろん、そのような乳を商業ベースでコンスタントに供給できるはずもなく、現実には牛乳を飲まないということである。つまりゴンペルツは今の言葉にすると、肉を避けるベジタリアンであるのみならず、動物性食品全体を摂らないビーガンだったわけである。

今日ビーガニズムを主張する人々の中には、ビーガンは単に食生活の問題ではなく、動物を利用することによって動物を搾取しない思想と実践だと主張する者も少なくない。実はこの意味でもというか、この意味でこそゴンペルツはビーガンだったのである。

かつては動物を使うことによって実現されていた生活手段のほとんど全てに代替方法が確立されている現代と異なり、ゴンペルツの時代は動物の利用は必須の生活手段の一部だった。それでも彼は、できる限り動物を利用すべきでないことを説いていたのである。今ならば防寒のため毛皮を着る必要はないが、彼の時代にはそれ以外の防寒手段はなかった。しかしゴンペルツはそれでも毛皮を着るべきではないとした。着るとしたら、そのために殺した動物の皮ではなく、自然死した動物の皮を用いるべきだとしたのである。たとえ動物であっても殺すことは許されないからだ。しかし逆にいえば、そのために動物を殺したり苦しめたりするのでなければ、動物を利用することそのものは問題ないとした。動物を殺して肉にすることは許されないが、自然死した動物の死肉ならば、食べてもよい。しかしそのような毛皮や肉が商品として流通することはほとんどありえないので、現実には動物の皮も肉も用いてはいけないということになる。

現代ならばともかく、ゴンペルツの時代には彼の「ビーガニズム」は、絵空事の面が強かった。この点はゴンペルツもわきまえていて、今は無理でもやがてはと、未来における人類の発展に期待を寄せていた。

この点で特に重要なのは馬の問題である。

現代において倫理的な問題となる動物としては、馬の重要度は低い。もちろん、現代でも競馬のような動物搾取を思わせるスポーツの是非というような問題はあるが、万人の生活に密接にかかわるようなテーマではない。ところがかつては馬こそが最も身近にあり、かつその扱いに深刻な倫理的問題があると広く意識されていた動物だった。

馬は人間に鞭(むち)打たれ従順にその背に人や貨物を乗せ、まさに「馬力」という強い力で様々な物を引っ張り続けていたのである。今日のクルマが、かつての馬だった。

この便利な愛すべき動物を、しかし人間はあまりにも自分勝手に使役しているのではないかというのが、かつての最も一般的な動物倫理的な問題意識だった。そのため、動物を擁護しようとする先駆者たちは押しなべて馬を重要なテーマとして取り上げ、人間的な優しい態度で馬に接すべきことを説いていたのである。

当然ゴンペルツも馬の問題を重視したが、彼の場合はそもそも動物の利用自体に反対する立場である。しかし彼の時代では馬を全く使わないことは不可能なので、なるべく使わないようにすることと、使う場合は決して虐待しないようにという程度の議論で収める他はなかった。

とはいえここでも、やがてくる未来の可能性としては、馬に代わる移動手段の到来を要望したのである。またもや驚くべきことに、ゴンペルツは自らの未来展望を単なる言葉の上だけで止めずに具体的な形にした。馬に代わる移動手段の一例として、現在の自転車のプロトタイプの一つとなる乗り物を発明（正確にはすでにある発明の改良）したのである！

このためルイス・ゴンペルツの名は今日、動物擁護者や元祖ビーガンというよりも、一般には発明家として知られている。しかし彼が自転車を発明したのは、それによって動物を救うためだったという真相はほとんど知られていない。しかしこの動機こそが、彼の発明を真に偉大なものとしているのである。

もちろん、ゴンペルツのような人物は傑出した例外であって、そのあまりの先駆性は同時代人には理解されず、シンガーらによる再発見まで歴史の中に埋もれたままだった。

これほど極端な例ではなく、以前から一部では名前を知られてはいたものの、やはり非主流的な異端として、断固たる態度で動物を擁護し続けた一人にヘンリー・S・ソルト（一八五一〜一九三九）がいる。

ソルトの名は何よりも『動物の権利』（初版一八九二年、改訂版一九二二年）の出版で知られている。動物倫理学の本質的内容を表すメインタイトルを持つこの本は、その名に違（たが）わず、動物の権利を一定の体系性を持ちながら擁護している。

確かにソルトの前にも動物の権利をメインタイトルにした本は存在した。例えばエドワード・バイロン・ニコルソン（一八四九～一九一二）による『動物の権利』（一八七九年）があるが、この本は「倫理についての新たなエッセー」という副題から期待されるような、体系的な倫理学理論が展開されたものではない。ただ、深い理論的考察や根拠付けはないものの、著者ははっきりと動物にも人間同様の権利を認めよと訴えている。ニコルソンが主として依拠しているのはジョン・ローレンス（一七五三～一八三九）で、この人もまたベンサムと同時期に動物の権利の擁護を訴えていた先駆者の一人であり、特に馬についての考察で名高かった。

ソルトの本はこうした異端的な動物擁護の流れを受け継いで動物倫理に関する一つの体系だった見解を提起したものであり、一九七〇年代以降に本格的に展開し始めた現代の動物倫理学に先駆ける著作群の中では出色なものの一つである。

ソルトはこの本の中で、彼に先立つ動物擁護者たちが曖昧なままに使っていた「動物の権利」という言葉を明確に定義しようとする。動物には権利があるから動物を大事にしなければならないという議論が先駆者たちによってなされてきたが、ではそもそも権利とは何なのかという話である。

今日では哲学的な根本的次元で権利を肯定的に根拠付けようとする場合に典拠とされる古典家は、誰よりもカントであるが、ソルトは今では大分忘れられてしまった感のあるハーバート・スペンサー[*1]（一八二〇〜一九〇三）に依拠して、権利を論じている。スペンサーによると、権利とは、他者の自由を侵さない範囲に制限された自由のことである。この自由は人間社会に広く常識として認められている。これは人間が一般に権利的存在だと思われていることと対応している。人間が権利的存在であることの内実は、人間がこうした「制限された自由」を持つということだというのが、ソルトが依拠するスペンサーの権利観である。ソルトはこうした意味での「権利」を動物も持つという。というのは、動物もまた人間同様に自由を奪われることを嫌がるからであり、その生理的構造において人間と大いに類似しているからである。

ソルトが自由を重視するのは、人間それぞれが個性を発揮し、個人としての自己実現を可能にするための必須の前提条件だからである。そしてソルトは動物もまた、人間ほどに高度なレベルではないが、なおやはり個性的な存在であり、個としての自己を実現できる存在だとみた。そのために、個々の動物の自己実現を妨げないために、動物にも自由という権利が必要だとしたのである。

このためソルトは動物の自由を奪うことを前提とした様々な動物利用を具体的に批判したのである。その中には今ではほとんどみられなくなった、婦人用の帽子に付ける羽飾りのために鳥が殺されるのを咎めるという、時代がかった話も出てくるが、彼が何よりも批判したのは食肉の問題である。

彼は一八四七年にイギリスで創設されたベジタリアン協会の主要な理論家の一人であり、『ベジタリアニズムのための弁明』（一八八六年）や『ベジタリアニズムの論理』（一八九九年）といった著作で積極的にベジタリアニズムを擁護した。彼の食肉批判の論理は現代でも通用する内容が多いが、やはり現代とは異なるところもある。最大の違いは、ソルトの時代は現代のような集約的で大規模な畜産、まさに工業製品のように肉を生産する「工場畜産」が本格化していなかった点である。このため、どうしても批判は飼育過程で動物に苦痛を与えること以上に殺すことそのものに重点が置かれ、食肉生産過程の末端である人々に過剰な否定的言辞が浴びせられがちになっている。

彼の著作には食肉処理労働者や肉屋を意味するbutcherという言葉が憎々しげなニュアンスで頻出する。もちろん、ソルトもブッチャーは必要悪であり、それを必要とする肉食者や肉食を許容する社会が悪いという感じで一応のフォローはする。しかし、いかんせん個人攻撃の色は隠せない。肉食者は非文明的な蒙昧（もうまい）さにあるというような高踏的な口調には、不必要なエリート主義が感じられる。こうした批判のスタンスは、今日では逆に説得力を損ねてしまうだろう。現代では肉食の問題はソルトの時代よりもはるかに重大な構造的問題であり、個々人の蒙昧さに訴えるまでもなく、その深刻な実態を静かに提示すれば足りる。

このような時代的限界を感じさせるソルトではあるが、動物を個性的存在として捉え、個としての自己実現を求める視座は、現代の動物権利論にも通じるものであり、先駆的な卓見といえる。とはいえ、ソルトの「動物の権利」論が、言葉本来の意味での動物の権利論といえるかどうかは、微妙な問題である。

現代の動物権利論は後に詳しくみるように、何よりも動物を権利の「主体」としてみる。権利の主体として、動物も人間同様にそれ自体としての内在的価値がある。権利の主体という点では動物も人間も本質的な差はないというのが、動物権利論の大前提である。

しかしこの点がソルトにあっては曖昧である。というのも、彼は動物のことを頻繁にlower animalと表現するからである。これは生物学的な分類としていっているのではなくて、生物学的には高等動物とされる動物も押しなべてソルトにとってはlower animalなのである。このように動物をはじめから低い存在と捉える観点と、動物を権利の主体とする立場は両立し難い。あくまでlower animalと見なされるような存在は、自立した主体というよりも、もっぱら受動的に働きかけられるのみの客体ではないのか。この点からすると、ソルトの議論は一方で正しく動物を個性的な個体としながらも、それだから動物もまた主体としての権利的存在なのだというように、論理的に整合した形に成りえていないように思われる。

というのも、ソルトが依拠するスペンサーの権利概念はあくまで、ジョン＝スチュアート・

ミルの他者危害原則を連想させる「他者の自由を妨げない限り」でという行動の自由の問題でしかないからである。ミルが権利を功利原則という目的に対する手段とみていた（小沢、二〇一七年）ように、スペンサーに依拠したソルトの権利論も、それ自体が目的であるような確固とした権利的存在として動物を捉える本来の動物権利論には成りえていないと考えられる。

そもそもソルトが動物の権利を訴えるのは、彼の時代における動物の扱いが、ソルトの求めるヒューマニズムに反していたからである。野蛮であることや残酷であることは人間性に反する。人間性を高めるのが文明の役割であり、動物を残酷に扱うのは文明人にふさわしくない。こうした思考は分かりやすいが、どうしても上から目線で啓蒙してゆくという流れになりがちで、動物をあくまで人間よりも低い存在として捉えて、その取り扱いを文明の尺度とするというような考えになっていく。なるほどこういう考えは有益ではあるが、言葉の正確な意味では権利論とはいえない。動物の扱いにヒューマニズムを適用するのはよいが、ならば端的に人間の権利と同じように主体としての動物の権利を訴えればよかったわけだが、そうならなかったところがソルトの時代的限界といえようか。

とはいえ、こうしたソルトの問題点は、まさに現代の動物倫理の方向性を逆照射するものである。現代の動物倫理学は、先駆者たちの洞察を受け継ぎながら、先行する理論の一貫しないところや科学的知見の不足による曖昧さを克服して、極めて首尾一貫した形で動物に関する倫理学理論として構築されたものだからである。この意味で、古典を学ぶことは、それ自体として興味深い知的営みであるのみならず、現代の倫理学理論を理解する上でも有益な示唆を与えてくれるのである。

現代動物倫理学の胎動

動物倫理学は、以上に瞥見してきたような非常に長い前史と、つい最近ともいっていいくらいに短い「本史」を持っている。確固とした学問体系としての動物倫理学は、まだ若い学問だということである。そして動物倫理学は、その大きな特徴として、学問としての本史のスタート時点がはっきりとしている点がある。つまりこの学問を本格的にスタートさせた人と本が疑問の余地がなく確定しているのである。

その人はすでに名前を出したピーター・シンガーであり、本とは『動物の解放』（初版一九七五年）だからである。シンガーは一九四六年生まれなので、『動物の解放』は実に二〇代の著作である。動物倫理学は学問の歴史自体が浅いが、これを始めた人物も実に若かったわけである。

若きシンガーが世に問うたこの一冊が広く江湖に迎えられ、この本の影響で文字通り動物を解放する運動が大きく広がっていった。分かりやすい叙述と、単純だが説得力のある倫理原則の提示によって、多数の人々に動物問題へのコミットメントを促すことになった。今でもあらゆる動物倫理学の著作の中で最も読まれている一冊だろう。

　またこの本が強い影響力を発揮したのは、シンガーの明晰な理論以上に、彼がこの本で現代における動物の扱われ方、とりわけ肉食の実態をつぶさに伝えたことが大きい。先に触れたように現代の食肉生産は大規模な生産場でまるで工業用品のように集約して作られる。消費者が漠然と思い浮かべるような、小規模な飼育場で牧歌的に草を食みながらのんびりと暮らす牛たちのイメージは、一部の例外に過ぎなくなっている。第二次世界大戦後の食肉需要増大に対応して生まれた工業的な食肉生産は、七〇年代半ばの時点ではまだ一般にはほとんど知られていなかった。工場畜産の悲惨な実態はすでにルース・ハリソン（一九二〇～二〇〇〇）による『アニマル・マシーン』（一九六四年）という著作によって暴露されていたが、シンガーの本は改めて、食肉動物の置かれている悲劇をさらに広範な読者に伝えることに成功したのである。

　こうして現代の動物倫理学は一人の少壮哲学者によってその議論の口火が切られたが、学問としての動物倫理学はシンガーにあってはなお、根本的な欠陥を孕んだままだった。というのは、シンガーに先駆けた動物擁護者が押しなべて問題にしていた「動物の権利」の問題に、シンガーの著作は本格的に対応できていなかったからである。

　そこでシンガーの影響を受けて動物倫理研究を本格化させた哲学者の中から、動物倫理学本来の中心テーマであるはずの動物の権利を、ソルトのような先駆者が為しえなかった形で厳密に基礎付ける著作が『動物の解放』からしばらくして現れるのである。それがトム・レーガン[*2]（一九三八〜二〇一七）の『動物の権利の擁護』（初版一九八三年）である。これにより、現代の動物倫理学は確固とした土台石を得たのである。

つまり、現代の動物倫理学の創始者はピーター・シンガーだが、確立者はトム・レーガンということになる。そのため、現代の動物倫理学を解説するには、何よりもこの二人の理論を簡単であっても紹介するところから始めないといけない。

まずはシンガーである。

シンガー動物倫理学の両義性

ピーター・シンガーは現代を代表する動物倫理学者であるのみならず、倫理学という学問全体における第一人者であり、現代において最も有名で影響力の強い哲学者の一人といっていいだろう。彼の問題関心と著作範囲は幅広く、最近では援助に関する倫理学的考察が、非常に強い影響を世界全体に及ぼしている。シンガーの本を読んで収入の多くを恵まれない人々に寄付するようになった人や、さらには片方の腎臓を無料で提供する人までも現れるようになっている。

こうした強いカリスマを持ったシンガーが終始一貫依拠している理論上の立場は功利主義であり、この意味で彼は最も有名で代表的な現代の功利主義者である。そして彼の動物倫理理論も、始めから終わりまで功利主義に基づいて構想されている。このことが彼の動物論が強い説得力を持つと同時に、動物倫理や動物解放運動がその後に大きく誤解される原因ともなった。その意味で、彼の動物倫理学は両義的な意味を持っている。

シンガーが依拠する功利主義は前章で幾分詳しく説明したように、功利原則に依拠した倫理学説である。功利主義は快楽や選好を最大化できることに善を見いだす学説だが、ここで問題なのは、快楽を感じたり選好を持ったりするのは何も人間だけに限られないだろうという点である。

実際この論点は先に示唆したように功利主義を確立したベンサム（Bentham, 2001）によっても明確に意識され、次のような有名な言葉が遺（のこ）されている。

人間以外の被造物である動物が、圧制の手によって与えられないでいる諸権利を得られるだろう日が来るかもしれない。フランス人は既に、皮膚の黒さは苦しめる者の気まぐれを防がなくてよい何の理由にもならないことを発見していた。足の本数、皮膚の毛深さ、あるいは仙骨の末端が、感覚のある存在に同じ運命を与える理由としては等しく不十分であると、ある日認識されるかもしれない。一体どこに越えられない一線を引けるのか？　思考能力か、あるいは、多分、言語能力か？　しかし成長した馬や犬は、生後一日や一週間、あるいは生後一箇月の新生児ですらよりも、比較を絶して理性的であるのはもちろん、より意思疎通ができる動物である。……問題は理性的であるかでも話せるかでもなく、苦しむことができるかどうかである。

今日この文章が有名になったのはシンガーによるところが大きい。しかしそれ以前でも、確かに一般には知られていなかったが、先に触れたソルトの『動物の権利』でも取り上げられ、ソルトの著作と並んで当時のベジタリアニズムや動物権利運動に強い影響を与えたハワード・ウィリアムズ（一八三七～一九三一）の『食の倫理』（一八八三年）でも引用されている。『食の倫理』は独自な理論が体系的に展開されているのではなく、ヘシオドスやピュタゴラス以来の古典家による反肉食的な言説を収集したもので、ベジタリアニズムが新規で奇矯なものではなく、長い歴史に裏打ちされた確固たる学説と実践であることが一目に分かるようになっており、それが広く読まれた理由となっているように思われる。

このように、シンガー以前にもこのベンサムの文章は動物擁護の先駆者たちの間に伝わってはいたのだが、シンガーの画期的なところは、この文章の真意とその実践的帰結を、これを書いたベンサム本人以上に明らかにしたところにある。

誰しもこの文章を読めば、人間同様に動物も苦しめてはいけない、人間を苦しめてはいけないのならば、同じ理由で動物も苦しめてはいけないといっているようにみえるだろう。そして当然、言葉の上だけではなく実際に動物を苦しめてはいけないし、他ならぬ自分自身も直接的にはもちろん、間接的にも動物を苦しめるような行ないに加担してはいけないという道徳をベンサムが語っているように思えるだろう。ここから当然、ベンサムは最も大規模に動物を苦しめる産業である肉食の廃止を訴え、自身もゴンペルツのように厳しく動物性製品の使用を控えていたように思われるだろう。ところが実際にはベンサムはベジタリアンではなかったし、ましてやゴンペルツのようなビーガンではなかった。ベンサムは自身の前言と矛盾するような屁理屈で肉食を正当化するのだが、その詳細をここに論ずるまでもないだろう。これはベンサムに限ったことではなく、自著では動物の権利を擁護したり肉食の批判をしたりしながら、自らの実践で自身の理論を裏切るようなことは、かつては珍しくもなかったのである。むしろゴンペルツやソルトのような徹底した人のほうが奇人変人の類いに思われていたのである。

しかしベンサムやかつての動物擁護者が自らの理論を自身の実践に生かせなかったのは、アリストテレスが指摘したアクラシア（意志の弱さ）からくるだけではなく、理論それ自体に不徹底なところがあったからではないかというのが、シンガーの見立てである。それはかつての動物を論じた理論家が押しなべて、「種差別」という強固な偏見に囚われていたからではないかということである。

種差別という言葉自体はシンガーではなく心理学者のリチャード・ライダー（一九四〇〜）によって造語されたものだが、シンガーと『動物の解放』によって広く知られるようになった。シンガーはこの言葉の定義を自著の中で何度か行なっているが、分かりやすいものとしては彼の主著である『実践の倫理』（第三版）によるものがある。

レイシストは、彼等の利害と他の人種の利害との衝突がある時に、彼等自身の人種のメンバーの利害により重みを置くことによって、平等の原理を犯す。奴隷制を支持した白人のレイシストは典型的に、彼等が西欧人の苦しみに与えるのと同じくらいの重みを、アフリカ人の苦しみに与えなかった。同様に種差別主義者たちは、彼等の利害と他の種の利害との衝突がある時に、彼等自身の種のメンバーの利害により重みを与える。人間種差別主義者たち（human speciesists）は、苦痛はそれが豚やマウスによって感じられる場合も、それが人間によって感じられる場合と同じように悪いということを受け入れない。

つまり種差別とは、人種差別と同じ過ちを、人間と動物の間で犯してしまうことだというわけである。しかしこういえば当然、「それはおかしい、人間と人間との問題は人間と動物との問題とは違う」という反論が直ちに起こるだろう。実はそれこそが種差別なのである。苦痛を与えることが悪いのならば、苦痛を感じる存在全てにとって悪いのであって、それが人間でなくともやはり悪いのである。

これがすんなりと受け入れるのが難しい立言だということは、よく理解できる。しかしここで考える必要があるのは、現在の我々が直ちにその悪を実感できる人種差別も、ついこの間まではそれが当然だと考える多くの人々と文化があったということである。公民権運動が本格化するまで、アメリカ合衆国の南部では確固とした黒人差別があった。今でも暗黙たる差別が存在するのは、白人警察官の対黒人暴力への抗議に端を発した、二〇二〇年における暴動の拡大で立証されてしまっている。そして南アフリカでアパルトヘイトが撤廃されたのは実に一九九四年になってからのことだった。

つまり一見して人種差別批判は常識で種差別批判は非常識なようにみえても、その人種差別批判自体が悠久の歴史を持つ人類史に普遍的な価値ではなく、最近までの歴史過程によって勝ち取ってきた成果だということである。ならば種差別批判がおかしいという感覚も、それは今現在の遅れた権利意識であり、すぐには無理でもやがては常識化する可能性がないとはいえないだろう。

この種差別が悪いことの理由はシンガーの場合は極めて明確である。それは人間では忌避される、犯罪に対する刑罰のためというような正当な理由がなく苦痛を与えるという行為が動物では許されるのは間違っているということである。つまりシンガーは、ベンサムが問題にした、苦しむことができるかどうかという論点を唯一の基準にして、倫理的行為の是非を判定しているということである。

もしある存在が苦痛を感じるならば、苦痛を考慮に入れないというのは道徳の立場からは許されない。どのような本性の存在であれ、平等の原理が要求するのは、その苦しみは、他のどんな存在の苦しみとも……同等に計算されるべきだということである。もしある存在が苦痛、喜びや幸福を経験することができなければ、考慮に入れるべきものは何もない。正にこの理由で、感覚を備えている……かどうかということが、利益を配慮すべき存在とそうでない存在とを分ける境界線としてただ一つ弁護できるものである。

要するにシンガーの動物倫理学とは、動物を人間同様に苦しむことができる存在だと捉えた上で、通常人間に対してなされる配慮を動物の場合は行なわないのは種差別だとして、動物への人間同様の平等な配慮を説く学説である。基準になるのは快苦の感覚であり、快楽を増大させて苦痛を減少させよという功利原則だ。まさにベンサムはこうした功利原則を道徳の中核に据え、しかも動物は功利原則の適用対象でもあるかのような示唆をした。しかしそのベンサムが自らの理論を徹底させて動物の苦痛からの解放を説くことまで一貫できなかったのは、根強い種差別的な意識を払拭できなかったからである。こうした先達の歴史的限界を超えて、功利主義を論理的に徹底させることができたのが、現代人たるシンガーの面目躍如である。

人間にはどうしても「時代の子」という側面がある。ソルトのような先駆者にしても、動物をまずはlower animalとみる歴史的制約からは逃れられなかった。ゴンペルツもまた、動物を否定的な価値を含み持つbruteと表現していたのだった。人間との同質性を前提にした上での差異ではなくて、人間とは違う低い存在ではあるものの、そこに人間との共通性を見いだそうというのが先駆者の思考様式であり、ここにはなお種差別の残滓があったわけである。こうした古い偏見を打破し、人間と動物との同質性を傍証する数多くの知見を見いだしえた動物関連科学が飛躍的に発展した現代にあってこそ、シンガーのような突き抜けた立論が可能になったと考えられる。この意味で、動物倫理学はその根本において新しい学問だといえる。

以上のようなシンガーの動物倫理は先に触れたように、まさにそこにおいて大量の動物が苦しめられているという、本格化した工場畜産の悪をこれ以上なく弾劾するものだったために、『動物の解放』で紹介された工場畜産の実態の衝撃とともに、広範な影響を及ぼすことになった。そして何よりも「種差別」という概念が決定的な理論的根拠として提出され、この概念が動物倫理学という学問自体の土台石ともいえるような役割を果たすこととなった。

端的にいえば、現代の動物倫理学をゴンペルツやソルトのような旧来の議論と区別するのは、それがこの種差別という概念に依拠しているかどうかにある。先駆者は動物と人間との近似性を訴え、肉食をはじめとする動物利用の残酷さを告発し、自らも動物を使わない生活をしようと心掛けたが、なお彼らの議論が強固な理論的防壁を築きえなかったのは、そこに種差別という概念が欠けていたためである。この意味で、種差別批判を中心に動物解放論を展開したシンガーの功績は決定的で、種差別批判に基づく動物解放論を唱えたという限りで、彼は間違いなく現代動物倫理学の創始者なのである。

しかし、彼の唱える動物倫理は、それが功利主義的な理論であることによって、決定的な瑕疵を孕んでいた。シンガーの種差別批判はあくまで功利原則に基づいて、苦痛を感じる存在への平等な配慮を求めるものである。では苦痛を感じていない動物はどうなのだろうか。

シンガーが中心的に問題にしている実験動物や畜産動物はその多くが苦痛を感じる動物であり、それがシンガーの立論が持つ説得力の源泉ともなっていた。ではこれらの動物に苦痛を感じないようにして、なお畜産や実験に用いるのはいいのだろうか？

確かに現実問題として、苦痛を与えずに家畜を飼育したり、動物を実験に使ったりするのは難しい。これらの動物使用で重視されるのは何よりも経済的なコストであり、第一目的として苦痛を与えないことに最大限力を割くようなことをすれば、産業として成り立たないからである。

しかし技術進歩によって原理的にこれらの動物に苦痛を与えないことができたらどうであろうか。遺伝子操作により通常ならば激痛を感じるような状態に置かれても難なく過ごせる動物が生みだされたら、それらの動物を利用するのは問題ないのだろうか。あるいはより極端な例として、あらかじめ大脳を取り除いた動物をカプセルの中で植物のように育てることは許されるのか。

もちろん、功利主義ならば、これに反対する理由はない。そういう奇妙な動物でも、苦痛を感じさせなければ何ら倫理的な問題が生じないからだ。

しかしこれは種差別批判に共感し、動物解放へのコミットメントに促された多くの人々の納得する理論的観点なのだろうか。確かに奇妙な動物は苦痛を感じていない。だからこれらの動物を実験に用いたり殺して食べたりすることは、功利主義的には間違っていない。しかし動物の解放を求める人々は、文字通り動物の「自由」を求めるのではないか。自由は快苦に還元されるものではなくて、功利原則とは独立したそれ自体としての価値ではないのか。

これがシンガーの動物倫理が持つ両義性である。確かにシンガーは種差別を批判し、動物の苦痛をなくすことを訴える限りでは正しかった。しかしその理論を功利主義に基づかせたことにより、動物解放の理論と運動に大きな歪みをもたらしてしまったのだ。シンガーの理論は、シンガー本人がそれを望まなくても、動物を操作して苦痛を感じなくさせて、動物利用の永続化を正当化させる理論的根拠になってしまうのである。動物解放の目的は苦痛を感じない奇妙な動物を生みだすことだなどというのは、動物を愛する人々の到底受け入れられるところではないだろう。しかしシンガーのような功利原則に基づく限り、こうした厭わしい結論を回避することはできない。こうした奇妙な哀しい動物を生みださないためには、動物利用それ自体を認めない倫理原則が必要である。しかし功利主義は決してそのような原則ではないのである。

動物権利論の確立

現代動物倫理学をゴンペルツやソルトのような先駆者と区分するのは、その論理的な一貫性と、理論がよって立つ哲学原理が強固なことである。そのような強固な哲学原理を提供した哲学者こそがまさにデカルトやカント、そしてベンサムのような古典家であり、そうしたしっかりした体系的議論を提出しえたからこそ彼らが哲学の歴史に残り、今に至るも連綿と読み継がれているわけだが、残念ながら彼ら自身は種差別主義に囚われていたために、適切な動物観を持ちえなかった。

これに対して、ベンサムを踏襲する形で極めて首尾一貫した強固な動物倫理を構築し、現代動物倫理学の嚆矢（こうし）となったのがピーター・シンガーだった。しかしシンガーの動物倫理は功利主義に依拠するものだったがために、動物倫理学が目指していた本来の目的を達成することができなかった。

動物倫理学の本来の目的とは何か？　それはこれまでの議論で明瞭だろう。それこそがまさにソルトらの著作の題名でもあった「動物の権利」の擁護である。

ところが功利主義者のシンガーはもちろん、当のソルト自身も、肝心の動物の権利をしっかりと哲学的に基礎付けられなかった。それは依拠すべき古典家を間違って選んでいたからである。動物の権利をしっかりと理論的に根拠付けるためには、シンガーが選んだベンサムはもちろん、ソルトの選んだスペンサーでも駄目なのである。選ぶべきなのは、何かの手段ではなくて、それ自体が目的となるような価値として権利を基礎付けた古典家であり、その理論に依拠すれば、権利的存在はそれ自体が目的であるような、存在として尊重されるような、道徳律が構成されるような道徳論を提出した古典家なのである。

前章の議論を踏まえればそれが誰かはすぐ分かるだろう。それこそが、つい今しがた厳しくその動物観を批判した**カントその人**なのである。

もちろん、カント自身は動物を単なる物としてしかみていなかったのだから、カントに依拠するといってもあくまで彼の哲学を換骨奪胎して、その論理構造を借用するということである。そしてその立論の方向性も明らかだろう。まさにそれは、カント自身が人間にのみ認めたPersönlichkeit（人格性）を、人間のみならず動物にも認めるということである。

こうして、換骨奪胎されたカント倫理学に依拠して動物の権利をしっかりと哲学的な深みで基礎付けえたのがトム・レーガンであった。

このことは、レーガンの立脚点である inherent value という概念にはっきりと示されている。inherent value という英語表現は通常 intrinsic value と区別されることなく用いられ、intrinsic value には「内在的価値」という定訳がある。

内在的価値とは倫理学では普通、それ自体としての価値をいう。それが何の役に立たなくてもただそれだけで価値があるような存在に含まれている価値である。当然人間がその代表であり、だからこそ人間を尊重すべきという話になるわけである。

動物解放論とは人間のみならず動物にも内在的価値を見いだし、人間同様に動物の内在的価値を損なわないようにすべしという理論である。シンガーの場合は快苦を感じる感覚的存在に内在的価値を見いだし、苦痛に対する種差別のない平等な配慮を説いた。

しかしシンガーの依拠する功利主義では、人間や動物の「人格性」に内在的価値を見いだすことはあっても、そうした人格はそれ自体が目的ではなく、全体的な快楽や選好の増大のための手段である。

これに対してレーガンは inherent value という言葉で、単に内在的な価値であるのみならず、それ自体が目的としてあり、他の手段とならないような価値のあり方を示そうとした。つまり人間のみならず動物にも単に intrinsic なだけではない inherent な価値（訳語としては「内在的価値」と区別して「固有の価値」ということになろうか）があり、それがために功利主義のように手段として利用されてはならず、目的それ自体として尊重されなければならないとしたのである。

このことをレーガンはグラスとその中に注がれた液体をたとえに用いて説明している。功利主義者が重視する内在的価値は、個々の主体が経験する感覚や充足される欲求によって構成される。この場合、価値があるのは何らかの液体が注がれたグラスであって、何も注がれていなかったりわずかしか注がれていないグラスには価値がない。しかし権利のある人間や動物はこうしたグラスとは違う。ある存在に一度固有の価値が認められれば、その存在の経験や欲求の量的差異にかかわりなく、等しく尊重される権利を有するのである。つまり固有の価値とはその存在が単なる手段としてではなく目的として扱われるべき根拠となるような価値であり、単なる内在的価値に留まらずそれ自体で固有の価値がある存在は、目的として尊重されるべき権利的存在だということである。

権利のある存在とは一般に、本人の意思に反して自己の自由を奪われないような存在である。それはつまり、何か別の目的のための手段ではない、それ自体としての目的的価値であるようなものとしての権利を有する存在である。であるならば、動物の権利もまた、そのような目的的存在としての権利であるはずである。これがレーガンの権利論である。

カントにとってはそのような権利的存在こそが人格である。しかしカントの人格は、義務と権利をワンセットで実行できるような、ダイバーシティの著しく欠如した一面的な人間像でしかなかった。これに対して種差別主義批判を視座に据えるレーガンは、そのような目的的存在としての位置にくるのは、それが高度な意識性でもって責務を実行できるか否かにかかわらない、ただ目的として尊重できるような存在であればよいとした。

そのような存在は、高度に意識的でも言語的でもある必要はなく、ただ自らの生を自ら自身の生として自覚できるような存在、自らに加えられた危害が他ならぬ自分自身に加えられているということが自認できるような存在であればいい。そのような存在はただこの世の中を漂うように無意識の霧の中に生きているような生ではなく、しっかりと主体的に生きている生である。このような「生の主体」であることを、レーガンはカントの人格の位置に置き換え、権利的存在の条件としたのだった。

そのような生の主体が具体的にどのようなものであるかはあらかじめ固定されるものではな

く、その都度の動物関連科学の最新の知見に依拠して修正されるべきものである。実際レーガンは『動物の権利の擁護』の初版では少なくとも一歳以上の正常な哺乳類というように、かなり狭い範囲の動物群を指示していた。当時の科学では鳥類の認知能力は低いと誤解されていたのである。ところがその後の研究により、鳥類は元より、魚類も従来考えられていたよりも高い認知機能を有するということが分かってきて、レーガンも後に鳥に加えて魚も生の主体たりうる可能性があると自説を拡張したのである。

こうして動物倫理学が、その当初の目的通りに「動物の権利論」として、レーガンによって哲学的に基礎付けられたのである。

しかしこのことはもちろん、動物倫理学が完全無欠の理論として完成の域に達したという話ではない。

確かにレーガンのように動物の権利をしっかりと目的それ自体として位置付けることにより、シンガーの理論が許容するような、歪んだ形での動物利用の永続化を許す余地がなくなる。これにより、動物の自由が真に実現する道が開けたのである。しかし動物を目的的な権利的存在だと捉えることにより、以前の理論においてはありえなかった新たな難問が生じることになった。動物もまた人間同様に固有の権利を持つ目的的存在ならば、人間と動物の間に深刻な利害対立が生じた際に、どう調停するのかという問いである。

例えば通常は人間同士の問題として仮想される、限界的な状況への思考実験がある。救命ボートに限られた数しか乗れないのならば、誰を優先させるべきかというような問いである。こうした問いが難問になるのは、ボートに残れるのも海に投げ捨てられるのも同じ人間だからである。これが人間と動物だったら、通常は悩むまでもない。動物を犠牲にする以外の選択肢はありえないはずである。

しかしもし動物にも権利があるのならば、問答無用に動物が投げ捨てられるわけにはいかない。動物もまた権利のある存在として、人間と対等な立場で生存の権利が吟味されることになる。平等なくじ引きにより動物がボートに残り、人間が海の藻屑と消える可能性もあるという話になる。

しかしこの仮定は常識的な直観に激しく反する。実は、本来であればくじ引きを主張するはずのレーガンも、こういう場合は無条件で動物が犠牲になるべきだというのである。その理由の詳細をここで紹介するのは控えたい。というのは、無条件に人間を優先させるレーガンの弁明は、明らかに彼自身の動物権利論と整合的ではないからである。

我々は、確かにこのような限界状況ならばやはり人間を優先せざるをえないが、とはいえ動物権利論を支持しながら無条件に人間を優先する理論を正当化するのもやはり無理があり、これは動物権利論に固有の理論的難点だと率直に受け止めておく必要があろうと思う。

だからといって動物権利論そのものが無効になるわけではないのはもちろんである。そもそも人間同士の選択であっても、一度個々人に固有の権利を認めてしまえば、限界状況で犠牲者を選ぶのは難問だからである。容易に答えが出ないからこその限界状況であり、こういう特殊な状況で容易に答えが出せないことがその理論の有効性を損なうなどということはないからである。

問題なのはむしろ、日常的にしばしばありえる状況において、動物権利論が理論的な袋小路に入り込んでしまわないかということである。もしそういうことならば、確かに動物権利論は根本的に欠陥のある理論ということになる。しかしそのような状況は今やほとんどないのである。

動物にも権利があると認めることは、動物をもっぱら手段としてのみ見なして人間の都合のよいように扱ってはならないということである。このことが深刻な利害対立を人間と動物の間に引き起こすことは、もはやないからである。動物に権利が認められることによって、人間は動物を原則として道具のように利用してはいけないことになる。このことは一見すると、我々の日常生活に深刻な危害をもたらすようにみえる。ところがそうではない。

動物を利用しないことによってもたらされる害は現在にあってはいずれも瑣末（さまつ）なものであり、真剣な考慮に値する重大なものではないからである。

真剣な考慮に値する重大なものというのは、それが人間の生死に直結したり、文明生活の存続を脅かしたりするような要素である。現代においては動物利用にそのような重大性はない。

しかしこれは現代ならではである。先に述べたように、馬の利用はかつては文明生活になくてはならないものであり、毛皮なしでは十分な防寒はできなかった。そして何より重要なのは、農業のような基幹産業が、馬や牛といった動物利用に支えられていたことである。

しかしこれらの動物利用は今や機械に取って代わったのである。馬やロバを使っての移動はクルマや鉄道に取って代わった。牛鋤(うしすき)ではなくトラクターが畑を耕すのである。動物利用は文明生活に必需なものでは、今や全くないのである。

このことはまた、動物倫理学が現代ならではの学問だという理由になっている。先にみたようにゴンペルツの時代にあっては、彼のような議論が広く受け入れられる余地は全くなかった。なぜなら彼の時代はまだ動物が生産力の主要な構成要素の一つであり、馬こそが最も重要な交通手段だったからである。このような時代にあって動物利用それ自体を批判し続けたゴンペルツの気概には感嘆させられるが、いかんせん現実的には無理のある議論であることは否めなかった。

ところが現在は全く事情が異なっている。現在の動物利用は文明生活維持のための必要悪でも何でもなく、必要もないのに続けている習慣に過ぎないからである。次章で詳しくみるように、現行の動物利用のほとんど全てが、倫理的根拠を持ちえないのである。

　こうして動物を権利の主体とみる本来の「動物権利」論にもまた、権利存在同士の深刻な利害対立を調停する原理が見いだし難いという理論的難問がある。しかし実際に理論が適応される対象である日常的な動物との接点の場面では、現実的な困難はほとんど生じないということである。

　もちろん、こうした困難とは別次元の困難は確かにある。それは動物利用を認めない権利論を受容することにより、現在の時点ではまだ常識的に許容されている動物利用が倫理的な悪として否定的に評価され、直接的にも間接的にも動物利用をすべきではないという規範的な制約が個々人に課されるという困難である。

　しかしこうした困難は無痛動物や培養肉が本格的に商業化されていない現時点では功利主義的な動物解放論に依拠しても同様に生じる問題であり、カントを換骨奪胎した義務論に立脚する動物権利論に固有な困難ではない。いわば動物倫理学という学問が導きだす倫理的な実践に共通する困難であり、その妥当性は義務論の妥当性とは別次元の問題として処理する必要がある。

　とはいえ、これはこれで倫理学一般としては重要な問題である。どんな立派な道徳論でも、実践困難ならば絵に描いた餅だからである。そこでこの問題は次章で動物利用の具体例に即しながら改めて論じることにしたい。

ともあれレーガンの動物論は、先駆者が提起していた「動物の権利」を、先駆者がなしえなかった形で理論的に厳密化できたものである。これによりシンガーによって始められた現代の動物倫理学が、この学問の伝統に直結する形で本来の理論的な方向性を見いだしえたということになるわけである。

動物と所有

功利主義ではなくて義務論に立脚したレーガンの動物権利論によって、動物倫理学はその本来あるべき理論的な方向性を見いだすことができた。動物の権利を守るということは、動物を権利主体として前提とすることであり、権利主体として人間がそうであるように、自分以外の他者によって自分の生死が決定されないということである。つまり動物の利用それ自体を認めないということであり、動物の利用それ自体を廃絶するということである。

ソルトのように動物の権利を唱えた先駆者たちは、動物は人間同様に自由な存在だとした。しかし彼らは自由それ自体を内在的な価値としてしっかりと哲学的に基礎付けられなかった。自由は手段ではなくてそれ自体が目的であり、自分の運命を自分自身で決めることのできない自由を奪われた存在は自らの本質を失った存在である。そのような人間性の剝奪が制度化されて行なわれていたのが奴隷社会であり、人間ではなくて物になってしまったのが奴隷である。奴隷を解放する唯一の方法は奴隷制度自体を廃止すること、人間を物のように利用することをできなくすることである。レーガンに始まる現代の動物権利論はかつての奴隷制全廃論者になぞらえて、abolitionist（廃絶論者）と呼ばれる。この廃絶論こそが、現代の動物倫理学を代表する動物権利論の理論的前提である。

レーガンに始まるこうした全廃＝廃絶主義的な動物権利論はその後継者によって様々な理論的展開をみたが、レーガン以降の第一人者がゲイリー・フランシオン（一九五四〜）である。

フランシオンの専攻はシンガーやレーガンのように哲学ではなく、法学である。そのためか、フランシオンは権利の問題に対して法制化の視点からアプローチする。フランシオンは主著『動物の権利入門』（二〇〇〇年）で自らをレーガン同様に動物利用それ自体を認めない立場として位置付けてシンガーのような功利主義を批判しつつも、レーガンのように複雑な認識論を持ちだして権利主体を「生の主体」として基礎付けるのではなくて、法律的な権利としての所有権に依拠して動物の権利を位置付けるべきことを説く。動物に権利を認めるということは動物をプロパティ（property）とみなさないということである。

プロパティというのは財や所有を意味し、とりわけ所有権に裏打ちされた財産を意味する。人間は資本主義社会にあっては賃金のために労働力を資本家に売り渡すが、それは全生活時間の一部を他者の使用に委ねるということであり、二四時間丸ごと全てを明け渡すことではない。それだと人間は買われた側の私有財産になってしまう。実際こうして一人の人間が丸ごと売買されていたのが奴隷社会であり、奴隷は生きた財産に過ぎなかった。

そしていうまでもなく、動物は現在の常識にあっては基本的に経済財である。家畜も実験動物も常に売買されて流通しているし、犬猫を売買するのはよくないという正しい市民感情が広がりつつあるものの、まだまだペットショップで生体販売は行なわれている。この意味で、動物は人間の奴隷なのである。かつての奴隷解放の実体的内容は奴隷売買を制度的に廃止したことであった。その意味で、法制化に焦点を当てるフランシオンのアプローチはレーガン以上に奴隷全廃論の主旨に沿っており、まさにそれこそがabolitionist approachと呼ぶにふさわしいものである。

確かにフランシオンのいう通りに、動物の隷属は所有権という法律上の正当化に根拠付けられているのであり、動物の所有を禁ずれば、現在動物に対して与えられている抑圧のほとんどが不可能になるだろう。この意味で、動物を財産として売買することを禁ずることはフランシオンのいうように、動物を救うための主要な戦略の一つであることは間違いない。

ただ、フランシオンに対してはレーガン的な立場の側からも、ではなぜ動物は人間同様に所有されてはならないのかという反論もできる。フランシオンは動物も人間と等しく尊重されるべきだという平等の原則から動物を所有することの不当性を直接に導きだせるとするが、まさに平等の原則に依拠したシンガーがその功利主義的思考により動物それ自体の権利を定位できなかったように、平等の重視が直接に動物所有の不当性を基礎付けるとまではいえない可能性がある。人間による動物の所有権を認めたままで、しかし動物を人間と等しく丁重に扱うべきだという規範は可能だし、そうした規範に基づく法制化もありうるだろう。しかしそうした規範にあっては、確かに動物は丁重に扱われているものの、あくまで客体化されて人間に隷属する存在に止まっている。だからレーガン的な立場からすれば、まさに「生の主体」という議論は、それこそが自己とは別の他者に所有されないような存在であることの究極的理由を探る文脈から出てきたともいえるからだ。動物は人間同様に主体であるからこそ、所有されるべきではないということである。

ともあれ、動物の権利を認めることは動物を所有の対象としてみるという強固な伝統的見解の放棄を要請することであり、個人の心掛けのレベルに止まらない、社会全体の制度設計の見直しをも要請することにならざるをえないということである。この意味で、動物の権利論には現代文明そのもののあり方の再編成を求めることにもつながるような、ラディカルな変革を求める革命的な理論としての側面もあるということである。

徳倫理学と動物

これまでみてきたように、現代の動物倫理学はシンガーによる功利主義的な動物解放論として始まったが、シンガーが依拠する功利主義では、現代以前の動物倫理学が主要な課題としていた動物の権利が適切に基礎付けられなかった。そこで功利主義ではなく義務論に依拠して、「生の主体」である動物を目的的な権利存在だと位置付けるレーガンの動物権利論によって、動物倫理学はその本来の主要課題である動物の権利をしっかりと哲学的に基礎付けることができた。こうして現代の動物倫理学はレーガンによって確立され、レーガン以降も動物の権利の実体的基礎を動物への法的所有権をなくすことにみるフランシオンの廃絶主義のような、豊かな理論的展開をみせている。

こうしてみると現代の動物倫理学は、まさに規範倫理学の主要な立場である功利主義と義務論に沿ってその議論を発展させてきたことが明らかだが、だとしたら「第三の立場」である徳倫理学的な動物倫理学の展開はないのかという話になる。

徳倫理学的観点からの動物倫理学へのアプローチは功利主義や義務論による議論より少ないものの、確かに存在する。

例えば現代を代表する徳倫理学者の一人であるロザリンド・ハーストハウス（一九四三〜）

には、自らがベジタリアンだという立場を明確にした上での、動物倫理に関する著書や論文がある。しかしそれらの著作にあるハーストハウスの動物倫理は、先行する功利主義や義務論による動物倫理学のように、明確な原理に基づくシステマチックな理論とはいい難い。

この点はハーストハウス自身が強調している。徳倫理学は「苦痛に対する平等な配慮」や「目的的な生の主体への尊重」といった明確な原理を打ち立て、これを全理論対象に敷衍していくような体系的な構成を取らないというのである。むしろそういう一元的な体系化の試みによって零れ落ちてしまうような細部や具体性を掬い取ることこそが重要だというわけである。そのため、徳倫理学は個別的な事象をその都度に、それが美徳（virtue）であるか悪徳（vice）であるかによって選り分けてゆくことになる。

ハーストハウスは現代の工場畜産を明らかな悪徳だとして、この悪に加担しない道としてのベジタリアニズムにコミットする。しかしこれは肉食それ自体が原理的に悪だという話ではない。それが悪徳とは思われない状況によっては、肉食は許容される。確かに功利主義でも義務論であっても、例外的に肉食が許されることはある。それしか食べる物がなければ、緊急避難的に食べることまでも禁ずる理論家は、厳格な義務論者でもいないはずである。しかし肉食は通常、動物に苦痛を与えることを前提とし、動物の権利を侵害することによって成り立つ。たとえ伝統的に肉食が尊ばれる文化にあっても、功利主義でも義務論でも、選択の余地があるのならば肉食は避けるべきだという話になる。これはあくまで動物それ自体を基準にするからである。動物が苦痛を感じるならば苦痛を与えるべきではないし、動物が権利主体ならば動物の権利を侵害すべきではない。人間側の伝統は動物にとってはどうでもいいことである。

ところが徳倫理学では通常、人間側の美徳が問題にされる。動物虐待に基づく工場畜産に悪徳を感じればそれを批判することになるが、丁寧に育てられた動物の食肉がもたらす美味に美徳を感じれば、これを擁護することにもなるわけである。

こうした徳倫理学にあって問題なのは、功利主義や義務論ではほとんど生じることのない、同一対象への著しく異なった価値判断が導かれることがありうる点である。

その典型例が狩猟である。狩猟は功利主義的には動物に苦痛を与えることであり、義務論的には明らかな動物の権利侵害である。従っていずれにしても原則的に禁じられることになる。許されるのはそれでしか食料を得ることができないという例外状況のみであり、たとえそれが伝統であっても、選択可能であるならば狩猟以外の手段で食料を得るべきだという話になる。しかし徳倫理学では、それがどのような状況で行なわれるかで判断することになる。

例えば単なる娯楽のために重装備の人間が多数で野生動物を追い詰めて射殺するような狩猟のあり方は、多くの徳倫理学者は悪徳だと批判するだろう。しかし伝統的な作法に則って人間の側も命がけで猛獣に挑むような狩猟は、美徳として許容される可能性が高い。同じ哲学原理に依拠していながら、同一の対象に対して正反対の結論が下されるわけである。

このようなことはいかにも擁護したくなるような命をかけた伝統狩猟に限られたことではない。少しも危険を伴わない狩猟が擁護される場合もあるのである。

多方面の著作で知られる現代を代表する哲学者の一人であるロジャー・スクルートン（一九四四〜二〇二〇）は、動物に対してもハーストハウス同様に徳倫理学の立場から論及している。しかしそのスタンスはハーストハウスと異なり明確な反動物権利であり、反動物解放である。そのスクルートンは狐狩りをはっきりと擁護する。

狐狩りは動物をいじめて楽しむ「ブラッド・スポーツ」の一種だが、他のブラッド・スポーツが近代になって次々と禁止されてきたのとは異なり、イギリスの上流階級の間で伝統的に親しまれてきたこともあって、支配階級の意向に沿う傾向がある法律の常で、実に二一世紀初頭まで非合法化されずに続いてきた。これは通常の狩猟のように猟銃でいきなり狐を撃つのではなく、犬や馬を使って狐を追い込んで殺すことに醍醐味を見いだす伝統的な娯楽である。当然、功利主義的にも義務論的にも言語道断な蛮行であり、ここに擁護の余地は何もない。

しかしスクルートンはまさにこの「スポーツ」が擁護されてきた伝統をそのまま許容し、この動物いじめに美徳を見いだすのである。ところがハーストハウスはスクルートンと異なり、そこに美徳を認めることはできないとする。つまり狐狩りという同一の対象に対して、同じ徳倫理の立場にありながら、正反対の価値判断が下されているわけである。このような認識の分裂は、功利主義や義務論では考えられない。

このような分裂が起きてしまうのは、徳倫理学が功利主義や義務論のような誰も間違えることのないような自明な原則に依拠することをしないためである。そのため、価値判断の基準が個々人の徳に関する道徳感覚に依拠することになる。もちろん、だからといって自分の独断だけで出鱈目(でたらめ)に価値判断をしていいという話にはならないが、ある対象にもっともらしい理由を伴いつつ何らかの美徳を感じたならば、その価値判断を別の個人が覆すのは容易なことではない。実際ハーストハウスは狐狩りに悪徳を覚えたわけだが、これに美徳を感じるスクルートンを説得することは諦めている。幾つかの批判点を提示したりするが、それをスクルートンが受け入れることはないだろうという。これはハーストハウスが他の倫理学説のように、動物にまずもって「道徳的地位」を定める議論の方向に疑義を挟んでいることにも関係している。

ある動物が功利主義のように感覚的存在として認められるか、義務論のように目的的な主体として認められれば、その動物は保護されるべき道徳的地位を持つ。こうした明確で一義的な価値判断が可能になる理論構成を徳倫理学は避けようとするため、個々の判断者が自らの道徳感覚に基づいて下した価値判断を客観的に判定する基準が見いだし難い。このため、同一対象に異なった徳が見いだされても、論争を通して異見の収束を図るという生産的な議論がしづらくなっている。これは倫理学理論としては、明らかに拙いあり方である。

こうしてみると、徳倫理学は少なくとも現在なされているような議論のあり方にあっては、功利主義や義務論に代わるような、動物倫理学の方法論的基礎とするのは難しいように思われる。仮に多くの徳倫理学者が行なっているように、もっぱら人間側の道徳感覚で動物に関連する事象の美徳と悪徳を見定めるような議論ではなくて、功利主義や義務論による動物倫理のように、まずは動物自身を道徳的な存在者とみる理論構成も可能だが、この場合は徳倫理学として、動物を人間同様に有徳な存在とみなすことになる。しかしこれはかなり困難な理論的挑戦になる。人間と共通するような徳を有する動物は、動物の中でもごく一部で、人間に近い大型類人猿に限定されてしまう可能性が高い（田上、二〇一九年）。しかしこれだと動物倫理学としては射程が狭すぎて、功利主義や義務論と対抗できる理論ということはできない。

では徳倫理学は動物倫理の文脈においては何らの理論的有効性はないのだろうかというと、これもまた違うと思う。確かに徳倫理を動物倫理の基礎的な方法論に据えることにはこれまでみてきたような様々な理論的困難があるが、徳倫理学は功利主義や義務論が軽視しがちな、道徳的行為者の精神的陶冶という面に適切に着目してきたという理論的メリットがある。

徳倫理学にはもっぱら行為それ自体を問う他の倫理学説と異なり、行為者の全人的なあり方に注目してゆくという視座がある。何をやるかではなくて誰がやるのかという観点である。これを動物倫理に導入すれば、動物のために行なう倫理的なコミットメントが行為者の徳を高めていくという方向が見いだせる。

動物倫理は動物に関する倫理であり、倫理は人間がなすべき規範である。自らの信奉する規範を持続的に苦もなく実践し続けられるのは、明らかに有徳なあり方である。アリストテレスが古典的に明らかにしたように、善いことを行なうためには善い人間にならなければいけないというのは、単純だが普遍的な真実だろう。動物のために肉食を断念し、動物利用製品を購入しないように注意し続けることは、そうしないことよりも徳のあることであり、これらのコミットメントを自然に無理なく持続できるような人柄は、そうでないよりも徳が高いだろう。

この意味で、徳倫理学にはこれまでの動物倫理ではあまり重視してこなかった、動物解放のための倫理的実践にもう一段深い意味を持たせ、規範へのコミットメントをより一層やりがいのあるものにしてゆくという、有益な教育的効果が期待できるのではないかと思う。

第三章　動物とどう付き合うべきか

動物福祉と動物権利

倫理学には功利主義、義務論、徳倫理という三つの代表的な考え方があり、これに対応して動物倫理学もそれぞれに理論を展開させていることをみた。その中で、伝統的に動物倫理学が主題にしてきたのは「動物の権利」であり、これは義務論に基づく動物倫理学によってしっかり理論的に根拠付けられたこともみてきた。

動物に権利を認めるということは、動物を人間のほしいままに扱うことを認めないということである。これは現在までの主流になっている人間の動物へのかかわり方と反する。現在常識になっているのは、人間は原則として動物を手段として利用していいが、必要以上に好き勝手に使ったり、残酷に扱ったりしてはならないということである。

畜産は動物を人間側の都合で手段として利用することではあるが、だからといって劣悪な飼育条件で動物を育ててはならないとされる。動物実験は必要悪として認められるが、必要以上に苦痛を与えないように配慮されるべきということだ。

このような考え方で、動物はあくまで人間にとっての手段ではあるが、その前提の上でしかし極力動物に配慮すべきだという「動物福祉」的な考えが、現在主流になっている人間の動物へのかかわり方である。

こうした動物福祉的な対動物観だが、これはこれで重要なことは間違いない。何となれば現在の動物利用にあっては、その多くがこの動物福祉ですら十分に果たされてはいないない水準にあるからだ。畜産動物は、その福祉に配慮するように内外を問わず広く観念されているし、特に欧州の先進的な地域では法律的な規制も進んでいるものの、本当に動物の福祉を全面的に配慮してしまうと経済的な採算が合わず、そもそも商業畜産自体が不可能になってしまう。動物実験も然りである。

とはいえ、本質的な限界はあるものの、こうした動物福祉的観点は動物とかかわるための最低限の作法であり、まずはこうした動物福祉を実質的に前進させていくことは非常に重要である。

しかし、動物倫理学はその本来の主題が動物の権利であるように、動物福祉的な取り組みは根本的に不十分であり、これを乗り越えて新たな質に転換させるべきことを訴える。それはそもそも動物をもっぱら人間のための手段として扱うことそれ自体が不正であり、やむをえない例外を除いて、動物の利用をなくすべきだという前提を持つからだ。そのため、動物倫理学では畜産をはじめとした商業的な動物利用それ自体が間違っており、最終的な廃絶を目指していできる限り縮減されてゆくべきだと考える。

ではやむをえない例外とはどのようなものであろうか？　やむをえないというのだから限界

状態であり、それをしなければ掛け替えのないものが失われてしまうような緊急避難的な状況である。

人間にとって何よりも掛け替えのないのは自らの命というのが通念だろうから、まずはそれをしないと死に至るような条件になろう。こういう状況は今はもちろんかつてもあまりなかったが、しかし確かに昔は存在した。極寒の地に住みながら毛皮を着ることができなければ、直ちに死に直結する。だが今は毛皮より性能のよい他の防寒着がある。現在世界で、死に直結するような深刻な局面で動物以外の代替手段が存在しないというのは考え難い。

とはいえ、これではまだあまりにもハードルが高いという反論はもっともである。ここまで深刻でなくても、やはり重要な場面が考えられる。それがすでに言及したように、動物の利用が現在の文明生活維持に必要不可欠かどうかという論点である。そしてまさにこのような理由で、時代の劇的な変化が動物倫理をリアルな規範としているのである。つまり、かつては生産と交通に動物利用は不可避だったが、今はいずれも機械に取って代わったという時代状況である。この意味で、本当に真正な理由で動物を利用しなければならない場面は現代社会ではかなり珍しい例外になってきたのではないか。

ここからいえることは、動物の権利を中心とする動物倫理の考えに従えば、理念としては畜産のような商業的な動物利用全般を廃絶すべきだということになる。

しかしこれは当然、現時点では「はるかなる目標」に過ぎない。現実の世界は今のところは動物利用を全廃できるには程遠い。むしろ動物利用を前提にした中で動物福祉をいかに増進することができるかというのが、現実的な戦略になる。ここから、現代において要請される動物とのかかわり方においては、理念と現実のレベルを分けた上で、実現可能性の希薄な空論を高唱するだけでもなく、かといって理念を見失って動物利用の永続化を容認することもないようにバランスを取ることが要請されるだろう。

社会改良から変革への道筋としては、動物利用の全廃を目指しつつも、今ある動物利用のあり方をできる範囲で改善していくような問題提起と働きかけが求められるだろう。

このような社会運動の局面に対して個人的実践の場合では、より理念に近づいた所作を実現できる余地が大きい。動物利用の廃絶という理念と対応する個人的実践は、まさに動物を使わない日常生活ということになるからだ。

倫理的実践のあり方

動物を使わない日常生活とは、肉をはじめとした動物性食品を極力摂らなかったり、動物性の皮革ではなく合成皮革を用いたりすることを心掛けるような生活である。こうした動物倫理に適った具体的な実践のあり方はこの後で個別事例に即して述べていくが、ここではこうした日常生活のあり方が、倫理的実践の具体例であることからくる前提を明確にしておきたい。

人間が為すべきことである倫理的実践は、何の努力もなく実現できることではない。それならばすでに法制化されて強制力が与えられていたり、常識としていうまでもないこととしてその実行が日常茶飯となっていたりするからだ。理由もなく人を殺すべきではないというのは一つの道徳的価値判断だが、この道徳律を守るのに意識的努力は通常必要とされない。倫理的実践とは基本的に、このような自明なものは指さない。一定強度以上の意識的努力によって実現されるのが倫理的実践である。

この際、功利主義にせよ義務論にせよ、どのような規範的立場にあっても前提とされる最も根源的な一種の縛りのようなものが、倫理的実践には必然的に要請されるように思われる。それは、倫理や道徳が一握りの特権的なエリートのためではなく、万人のためのものであることからくる制約である。一部の優れた人しかできない実践は、その内容がどんなに美しくても、道徳規範として普遍化することはできないからだ。

倫理学が提起する規範は人口の最大多数に焦点を当てた平均的なものであるべきである。つまり倫理学にとって最も根源的な縛りとなるのは、その規範が実行される社会にあっての平均的な個人が、まさにそうした個人にふさわしく、その社会での常識とされる程度の意識的努力で実現されるべきものだということである。一言でいえば、**平均的な個人が常識的な努力で**実現できるのが倫理的実践であり、それ以上でもそれ以下でもあるのは不適切だということである。

当然そうした倫理的実践のあり方は、具体的な事例ごとにその時代や社会によって大きく変わってくる。

我々が前提とするのは現代日本である。古代でも中世でもなく現代であり、外国ではなくて日本である。時代的変化に比べると、同時代での内外差は少なく、ほとんどの具体的規範が国境を越える普遍的価値として提起できる。規範を具体的に提起するにあたっては、だから、現代日本において倫理的に生きるにはどうすればいいかという視座で考察することが必要だろう。

そこでこれから、動物倫理の具体的な諸問題に関して、こうした視座に基づきながら、平均的な個人が常識的な努力で実現できるのが倫理的実践であるという大前提を踏まえつつ、個々の事例について考察してみたい。もちろん、ここで行なうのはそれぞれの事例についての詳細な考察ではない。そのためには何冊もの本が必要だろう。この一冊でできるのはあくまでその事例について、基本的にこう考えるべきだという道筋の簡略な提起でしかない。それでも動物倫理学の初歩的な入門書としては、十分な役割を果たせるのではないかと思う。

環境問題としての肉食

ペットにばかり注目する世間一般の表象とは異なり、肉食こそが動物倫理の最大にして中心となる問題である。肉食についてはこれまで本書でもたびたび話題に上ったが、ここで改めてまとめてその問題点を概観したい。

肉食は現代のみならず伝統的に動物倫理学で重視されてきた問題だが、現代にあってこそ最も深刻な問題として浮かび上がってきた。先に触れたように、伝統的には肉食と同じかそれ以上に馬の処遇が大きく問題にされていた。また、動物をいじめるブラッド・スポーツも今では考えられないくらいに盛んで、犬を牛にけしかけるブル・バイティングや、狐を投石器で放り投げて高さを競うフォックス・トシングなど、今ではとても信じられないような蛮行が広く行なわれていた。こうした愚かな娯楽のために牛に嚙み付きやすいように品種改良されたのがブルドッグだというのは、知る人ぞ知る事実だろう。

現代では、こうしたかつての動物倫理で鋭く告発された動物利用の形態がほぼ姿を消し、残る肉食の問題は以前よりはるかに深刻になっている。それは何よりも、増大する人口に対応させるために、飼育される食肉動物が膨大な数に膨れ上がったためである。特に第二次世界大戦後に世界的な人口爆発が起き、加えて経済成長で購買力が上がったことにより、一人あたりの食肉消費量も増えてきた。こうして今や食肉の需要は莫大であり、伝統的な畜産方法ではこれを満たすことはできなくなっている。

そのため現在の主流となる畜産方法はＣＡＦＯである。これはconcentrated animal feeding operationの略で、文字通り動物を一箇所の巨大な飼育場に集中させ、工場運営方式で管理して行なう畜産のあり方である。現代の畜産で主として育成される動物は牛・豚・鶏であるが、それぞれにＣＡＦＯが取り入れられ、飼育場の規模も大型化している。こうした現代主流の畜産はまさに「工場畜産」であり、動物は「生きた工業製品」として扱われる。

こうした現代畜産の問題点は多角的なのだが、これが深刻なのは、たとえ動物倫理の提起を一切受け入れることがないような人にとっても害悪になっているという点である。つまり、動物の苦痛や権利を一切問わなくても、現代の畜産は環境に非常な悪影響を及ぼしているということである。

これは牛という動物を考えてみれば分かりやすいだろう。都会生まれの若者は生きた牛をみる機会がほとんどない。かくいう私も今や若者ではないが、牛を生で身近にみたのは三〇半ば過ぎでインドに旅行した際だった。もちろん、それまでも柵越しで何度か目にしたことはあるが、間近でじっくりと眺めるということはなかった。インドで道を闊歩（かっぽ）している牛は比較的小さい部類に入るが、それでも巨大な生き物であると実感せずにはおられなかった。成体は小さなものでも三〇〇キロや四〇〇キロあり、大型種では一トンを優に超える巨大生物である。このような巨大生物が大量にいたらどういうことになるのか、想像に難くはない。

牛は草食動物であり、草食動物はセルロースを完全に消化するために胃の中に大量の微生物を共生させ、この微生物の力で草を発酵させる。牛には四つ胃があり、メインとなる第一胃でこうした発酵過程を行なう。この際に大量のメタンが発生し、牛は自家中毒にならないように定期的にゲップをしてメタンを吐きだす。この「牛のゲップ」によるメタンの排出が地球温暖化の元凶の一つになっていることは、今はある程度知られているのではないだろうか。

もちろん、問題はゲップだけに限らず、牛飼育は全工程で二酸化炭素をはじめとする大量の温暖化ガスを発生させる。畜産は今や地球温暖化の主要原因の一つとなっている。

畜産による環境破壊は温暖化に限らない。現在から近未来にかけて、最も深刻化する環境問題が水不足だというのは、疑いえないところである。地球上にある水はほとんどが海水で、淡水もこれまたかなりの部分が南極やグリーンランドのような氷床であり、直接使える水がごくわずかしかない。渇水状況が少なくなった最近の日本ではイメージし難いが、水不足に悩む人々は莫大な数に上る。もともと、水へのアクセスが不利な場所に住んでいる人が多く、それが人口増大や地域の環境破壊による井戸水の枯渇などにより、かつて以上に水不足が深刻になり、水は「ブルー・ゴールド」と呼ばれる貴重な資源だとみなされるようになっている。

このような貴重な水をそれこそ湯水のように大量に使うことによって成り立つのが畜産である。購買力のある豊かな人々が肉の消費量を増やせば、水が得られない貧しい人々が一層不利な条件に追いやられてゆく。これは看過できる問題ではないだろう。

当然それ以外にも畜産は多々環境を悪化させる。アマゾンの熱帯雨林が畜産のために切り開かれて消失してゆくというのは、何とも象徴的な事実だろう。

こうした地球規模の環境破壊に畜産が大きな役割を果たしているという事実はまた同時に、畜産が局所的な公害源ともなっていることを意味する。

オーストラリアのようにまだ一貫して放牧で牛を育てている地域もあるものの、現在主流になっている牛肉生産方法はフィードロットによる飼育である。これは放牧によって育てた幼牛を大規模飼育場に大量に集中させて出荷まで育成する方法である。本場のアメリカではその規模は巨大で、一〇万余頭を有するフィードロットも稀ではないという。

同じように大量に牛がいても、インドのように分散しているような状況ならば、地域の環境へ与える負荷はそれほどでもない。しかし一〇万もの数が一箇所に集中していれば、そこで生じる糞尿(ふんにょう)の量は尋常ならざるものになる。コストを安くするため人員も設備投資も最低限で、当然フィードロット内外の環境は著しく破壊される可能性が高い。よしんば良心的経営によって局所的な環境破壊を防げていても、恒常的に出される糞尿を中心とした廃棄物はあまりに大量なため、大地に還すことも再処理してゼロエミッション化することなど到底あたわず、産業廃棄物として処理される他はない。このように、毎日大量の産業廃棄物を排出するような施設は、そこに勤める労働者は元より、地域住民の健康にも脅威を与える。牛のフィードロットの場合は人里離れた地にある場合が多いが、養豚場や小規模な養鶏場は近隣に建てられていることも少なくない。こうした比較的小規模な畜産施設の場合は、糞尿の量というよりもその質がむしろ問題になる。大量に与えられる薬のせいで、糞尿が汚染されているのである。汚染糞尿の貯蓄槽が有毒ガスの発生源になり、地域住民の健康を脅かすという事例も発生している。[*1]

ＣＡＦＯは大量の動物を飼育場に押し込み動物の運動を制限させて食肉を作る施設であるため、そこで動物は大概健康を害し、病気になってしまう。出荷するまでのわずかな期間しか生かせてもらえないものの、出荷前に死んだり重病になったりしてしまっては拙いので、薬の大量投与でその場しのぎをするのである。特に抗生物質は重要で、これは感染症予防とともに、エサの吸収効率を高めて動物の身体を大きくする効果があるとされる。こうした薬物は当然糞尿にも成分が残存し、糞尿を産業廃棄物と化して環境破壊に一役を買うのである。豚や鶏に限らずフィードロットの牛も薬漬けなのはいうまでもないだろう。

こうして畜産は地域的にも地球規模にも環境に対する深刻な脅威になっているが、生きた動物を殺すという産業の構造により、大きな労働問題の発生源ともなっている。アメリカの場合は畜産の規模が大きなこともあって、飼育場と処理場が別地域にあり、処理工場のある場所が企業城下町のようになっているケースが少なくない。

食肉処理労働はかつて極めて危険な作業であり、今は作業工具の発達や労務管理の徹底により安全性は向上したが、資本の論理に効率化の上限はなく、絶えざる作業のスピードアップが求められ続けている。そのため時として大きな事故が引き起こされ、作業の危険性は克服されていない。こうしたこともあって、食肉処理労働は一般に忌避されて成り手が少ない。この供給不足を埋めるために、アメリカでは正規の在留資格を得ていない移民を知らぬ振りをして雇用したりする企業も珍しくない。当然こうした労働者は十分な保険サービスが得られないため、怪我をしてもまともな治療が受けられないというような極めて危険な労働環境に押しやられている。こうした搾取は食肉産業に限られることではないものの、畜産がこの社会悪の大きな一因になっていることは間違いない。

この他に、パンデミックの問題がある。感染症の多く、とりわけ深刻なパンデミックを引き起こすような感染症のほとんどが動物由来であるということは今や広く知られていると思う。感染源となる動物は野生動物が多いが、畜産動物も少なくない。

これらのことは、パンデミックのような極めて深刻な疾病の蔓延と、畜産や肉食のような動物利用との深いつながりを示唆してあまりある。もちろん、畜産や肉食が感染症の唯一の原因であるわけではない。たとえ全人類がビーガンになったとしても、感染症の周期的な流行は防げないだろう。しかし仮に全人類がビーガニズムを採用するような、動物を利用しない文明への大転換が起きれば、パンデミックのリスクを大幅に減らせることは間違いない。このことは、畜産とその中心目的である肉食を問い直さざるをえない有力な理由の一つだといえるだろう。

倫理問題としての肉食

このように、動物の苦痛への配慮や権利主体としての動物の擁護といった動物倫理の前提が受け入れられない人であっても、環境破壊や労働者の人権、それに感染症の防止というような問題は無視しえないはずである。こうした広く環境に関する問題は、肉食の弊害を万人が受け入れざるをえない形で露（あらわ）にしている。このことから、肉食の問題とはもっぱら環境の問題であり、ただ環境負荷を減らすという観点でのみ取り扱えばいいのかという話になる。

しかしそうすると、確かに環境負荷の高い畜産方法は受け入れられないが、負荷が低ければ許容できる悪ではないかという話になってくる。

こうなってくると、環境負荷の高い畜産を減じて、代わりに環境負荷の低い畜産を増やしていくという戦略が有効だという話にもなるはずである。

実際畜産はどのような動物であっても環境に負荷を与えるが、主要な動物を比べればその強度と量には大きな違いがあるのも事実である。

主要な畜産動物である牛・豚・鶏を並べると、環境に与える負荷は基本的にこの並び通りになる。いうまでもなくこれは動物の大きさに対応しているが、それとともに特に牛という動物が致命的に非効率な動物であることの意味が大きい。

畜産というのは動物にエサを与えて育て、その肉を食用にする。与えるのは主として植物性食品であり、家畜が食べているのとは異なるものの、植物性食品という限りで人間もまたこれを食べて栄養とすることができるものである。つまり、肉というのは食べ物を与えて食べ物を作るという迂回（うかい）によって生産されるのであり、人間が直接植物性食品を食べることと比べて、原理的に非効率な産物なのである。特にアメリカのフィードロットで育成される牛はトウモロコシを中心に大豆などを加えた濃厚飼料を与えられている。牛の食べるものとは品種は違うとはいえ、トウモロコシは人間にとっても主食になるものであり、日本人にとって大豆の重要性はいうまでもないだろう。つまり、同じ畑で人間の食用品種の栽培に転じられるような作物を育てて、わざわざ動物に与えているわけである。

この場合、どれだけの割合でエサが食肉へと転ずるかという栄養転換効率が決定的に重要なのはいうまでもないだろう。この一番重要な論点で、牛は圧倒的に非効率なのである。

牛の驚くべき非効率さが広く知られるようになったのは、フランシス・ムーア・ラッペ（一九四四～）による『小さな惑星のための食事』（一九七一年）が世界的なベストセラーになったためである。

この本の中でラッペは牛の栄養変換率は実に一六分の一、つまり一ポンドのステーキに一六ポンドのエサが必要だという事実を紹介し、このような牛肉を食べることを当時の高級車に譬（たと）えて、キャデラックに乗るような贅沢（ぜいたく）だと告発した。

今は飼育技術が進んでさすがに一六分の一まではなくなったが、それでも一一分の一前後だとされている。もっとも牛に与えられるトウモロコシは人間のように粒だけではなく軸ごと破砕したものであるため、人間の食事とストレートに比較することはできないが、それにしても非効率である事実は揺るがないだろう。

もちろん、牛はこのような効率の悪さのみならず、巨体ゆえの大量の糞尿にゲップ、それにその巨体を飼育するための広大なフィードロット建設による環境破壊等々、極めて環境負荷の高い家畜だというのは自明である。

しかしこの点で豚や鶏、特に鶏は圧倒的に有利である。鶏の栄養変換率はラッペの時代にあっても三分の一で、今や二分の一ともいわれている。

この二分の一というのは実に信じ難い効率のよさである。何となれば、一キロの鶏肉を作るのにわずか二キロのエサで足りるというのだから。もちろん、鶏の飼育も今や主としてＣＡＦ

Oによって行なわれるのであり、牛や豚の飼育同様の汚染源になり、環境に悪影響を与えることは変わりない。とはいうものの、環境負荷の強度は牛に比べると大分少ないのは事実である。

だとすると、仮に牛肉生産を一切止めるか大幅に縮小し、代わりに豚肉かとりわけ鶏肉生産量を増やせば環境への悪影響は確実に低減する。ということは、もっぱら環境問題を視座にした議論である場合、牛はいけないが鶏はよい、牛肉生産を鶏肉生産に転ずべきだという提言が、意味のある倫理規範ということになってしまう。

しかし残念ながら、そういうわけにはいかないのである。なぜなら食肉生産には環境負荷だけではなく、動物自身の倫理的取り扱いという、同じように重要な問題もあるからである。

牛はフィードロットに押し込められ、本来の食性に反する濃厚飼料を与えられ健康を害して薬漬けにされる。こうなった牛はもはや体質が変わってしまい、仮に飼育場から救いだされても天寿を全うすることはできない。とはいえどの道、飼育場のほぼ全ての牛は自然寿命の一〇分の一前後の極端に若い年齢で処分されてしまう。つまり牛ははっきりと虐待的に育てられているわけである。

こうした動物虐待はCAFOの必然であり、事情は牛のみならず豚や鶏でも変わらない。

現代の肉用鶏の主要品種がブロイラーであることはよく知られている。しかしこの鶏がどのような生き物であるかは、ほとんど知られていない。現在のブロイラーは極限的な品種改良によって驚くべき速度で急激に肥大化し、信じられないほど早く出荷できるようになっている。孵化から実に二月と経たずに成長のピークに達し、食肉加工されてゆくのである。この間ブロイラーは満員電車のような過密状態で育てられる。当然運動不足になるが、ブロイラーの場合はもはや運動すらまともにできないくらい急激に肥大するので、身体の成長に脚の筋肉が追い付かず、我々が鶏でイメージするような、すばしこく走り回ることなどできないのである。とにかくひたすらエサを与えられ続け、身体を肥大させられていく。ブロイラーの中には、急激に巨大化した自らの上半身にか細い脚が耐えられず、立ち上がっただけで自らの重みで骨折してしまう鶏もいる。そして人間であればまだ幼児にあたるような早い時期にその生命が絶たれる。

　長生きするブロイラーというのがほとんどいないため、その本来の寿命は分からないが、ブロイラーも鶏である限り、殺されなければ一〇年程度は生きるだろうと考えられている。だとすると実に本来の寿命の七〇分の一前後で殺されることになる。これは人間でいえば丸々と太った幼児を殺しているようなもので、想像の一歩先にある奇怪な現実である。

　このように太りすぎてまともに動けないブロイラーではあるものの、ギュウギュウ詰めにされるストレスは甚大であり、お互いに嘴で突き合って殺し合いをしてしまうため、あらかじめ嘴の先を切り落としておく。嘴には神経が集中していて切り落とされることは激痛のはずだが、コストを考えて麻酔などしない。こんな飼育環境なので当然すぐ病気になって死んでしまうので、薬漬けにするのは前提である。

いちいちは書かないが、豚もまた同じように虐待的な飼育環境にあるのは、ＣＡＦＯの宿命である。

つまり豚肉やとりわけ鶏肉は、牛肉に比べて確かに環境負荷という観点では有利ではあるが、経済的コストの圧力により虐待的な飼育が常態化している。このことは、たとえ環境の観点からすれば鶏肉が有利であっても、その生産を全面化することはＣＡＦＯをより一層大規模に導入することを意味するのであり、動物の倫理的な取り扱いという、環境問題と同じく重要な観点からは、到底容認できるものではない。

つまり食肉生産は、現在のように大量消費に見合うだけの大量生産をする必要があるという社会的前提条件にあっては、どのような動物の肉であっても、少なくとも一般的に食される牛豚羊のような哺乳類はもちろん、鶏やアヒルや七面鳥のような鳥類ならば、等しく苦痛を感じるという生物としての性質から、どうしても動物虐待になってしまう。当然動物は虐待すべきではない。だから食肉の生産は、最善である廃絶が不可能ならば、少なくとも虐待が不可能になるまでに規模が縮小されてゆくのが望ましいということになる。

卵と牛乳

こうして肉食は環境からも動物倫理からしても正当化されないことをみたが、では卵や牛乳はどうなのだろうか？

伝統的に肉食と卵や牛乳の摂取は区別されてきた。これは肉が、動物の殺害という明白な悪を経なければ得られないのに対して、卵や牛乳は鶏や牛を殺す必要がないからである。そのためベジタリアニズムにあっては伝統的に卵と乳は許容してきた。今日でもベジタリアンの多数派は肉は摂らないが卵（オボ）と乳（ラクト）は許容するオボ・ラクトまたはラクト・オボ・ベジタリアンである。

この事実は肉は殺生の産物だが、卵乳は違うという素朴な直観に呼応している。ただこの直観は、少し考えてみれば必ずしも正確ではないことが分かる。それはオスのヒヨコの存在である。

鶏は食用と卵用では品種が異なるので、オスの卵鶏を通常は食用にすることはない。成体にまで育てる必要があるのは主としてメスのみである。当然、経済的な果実を生まないオスの卵鶏をあえて育てる理由はない。種付け用に一部だけ生かしておけばよい。大多数のオスは生まれてすぐに廃棄されるのである。その処分方法はガスを使うのはまだ良心的なほうで、より簡単でコストがかからないやり方が採用されるのが常である。シュレッダーに放り込んで切り刻むのは、見た目はショックだが瞬殺されて苦しみが少ないという救いがあるかもしれない。しかしヒヨコの苦しみなど全く無視した最も低コストな方法が採用される場合もある。それは大型のゴミ箱にただ無造作にヒヨコを捨てていくのである。捨てられたヒヨコは積み重なっていく内に圧死する。

こうした話を聞くと、ポル・ポト時代のカンボジアが思い浮かんでしまう。クメール・ルージュは粛清の際に弾丸を使うことさえ惜しんで撲殺したり、袋を被せて窒息死させたというのである。人間に対してはもはやそういう蛮行はなくなったと信じたいが、動物に対してはコストを惜しみつつの大量殺害が日常なのである。

こうして、確かに卵乳生産は直接的には動物を殺さないとはいえ、オスの卵鶏のような大量の間接的殺害が必然的に伴ってしまう。

そうはいうものの、それでもやはり卵乳はまだ肉に比べれば許容できる悪ではないかという通念は根強いと思う。確かにオスのヒヨコは悲劇だが、なるべく苦しまないように安楽死させたり、その分だけ価格が高くなっても仕方ないのでオスも殺さずに育てるようにするとかいったりした方法で卵を正当化する方法は可能ではないかという話である。

この場合、肉はどうしても虐待的な飼育になってしまうが、卵や牛乳は違う。卵は庭を走り回る鶏が産み、牛乳は伸び伸びと放牧させた牛の乳を人力で搾るというようなイメージがあるのではないか。

確かにそういう卵乳も一部には存在し、高級品として少量流通している。しかし現在の巨大な需要にそのような牧歌的方法では応えられないのは、肉と同じである。ここでもまた、肉同様にＣＡＦＯによる生産が主流なのである。

安く売られている通常の卵は、鶏を狭いケージに閉じ込めて、ほぼ毎日のペースでひたすら産ませ続けることによって安くなっているのである。昔のように平飼いで時たま産む卵を拾って集めるというような牧歌的な図は、商業的な卵生産ではほとんど幻と化しているのである。

現在の卵鶏は品種改良により大量の卵を産めるようになっているが、それでも閉じ込められて産まされ続けることによって疲弊し、病気になってしまう。大量の薬物投与はここでも常道である。検査の上で出荷されることもあり、こうした動物の卵は毒があるとか明らかに有害とまではいえないだろうが、普通に考えて健康によいとは思えない。

卵鶏はさすがにブロイラーのようにすぐに殺されることはないが、老化の兆しがみえて産卵ペースが鈍化してきたら、直ちに殺処分されて若い鶏に入れ替えられる。何よりもコストを優先する資本主義的経営と動物虐待は、切っても切り離せないのである。

こうして卵も、確かに直接的な殺生の産物ではないとはいえ、ＣＡＦＯによる大量生産にあっては動物虐待は避けられず、この点では肉と何ら変わりはないのである。
同じことは牛乳にもいえる。確かに今でも乳牛を虐待することなく丁寧に作られている製品は存在する。しかしそれらはおおむね非常に高価であり、一般的な需要に応えるものではない。普通に売られている安価な牛乳は、やはりＣＡＦＯによる動物虐待の産物なのである。

　これらの安価な牛乳を生みだす乳牛は自由に動きを変えることもできないような状態に拘束され、乳房につながれた搾乳機で搾り取られる。もともと、牛乳は子牛のためのものだが、子牛にふんだんに与えると人間が飲む分がなくなってしまうので、必要最小限以外は代用乳で育てる。また当然子牛は母牛に甘えたがるが、牛乳生産の邪魔になるので、早い段階で離れさせる。子牛は当然だが、母牛もまた非常な心理的ストレスを受ける。そしてまだ母乳が出ているうちから可能になったら直ちにまた妊娠させられ、出産後すぐに子牛をはがし、代わりに搾乳機が付けられる。当然こんなプロセスを繰り返せば牛は疲弊し、乳の出も悪くなる。するとここで殺処分され、若い牛と挿げ替えられる。

　牛の場合はさすがに身体も大きく、殺処分後は直ちに廃棄されるよりも肉に加工されることが多いようである。当然肉用品種に比べて美味しくないし、こき使われて疲弊しているので、高級な製品にはならない。オスの乳用牛も卵鶏と似たり寄ったりで、出産後直ちに殺処分されるのが普通だが、牛は鶏と違って赤ん坊でも可食部分があるので、ソーセージなどの加工用に利用されるそうである。ただ最近はあえて殺さずに肉用として育てて、旧来の脂肪分が少なくて美味しくないという位置付けを逆手にとって、むしろ低脂肪なヘルシー肉として売りだそうという動きもあるようである。どちらにせよＣＡＦＯに入れられるのは同じなので、オス牛の運命はメス牛同様に悲惨である。

当然乳牛も肉牛同様に虐待的な飼育環境で病気になってしまうので大量の薬漬けは同じである。こうした牛乳も、毒ではないだろうが、健康にはよさそうではない。

卵と乳という、本来メスだけが必要な動物の飼育にあたっては、誰もが考えるようにほとんどがメスでごく一部だけオスにすると好都合であるが、以前はそうしたくても技術的に不可能だった。今は受精卵を操作することでかなりの確率で産み分けができるようになってきた。鶏はコスト的問題があって一般化していないが、牛には導入されつつあるそうである。こうした産み分けが鶏でも低コストでできるようになれば、出産後直ちに廃棄される大量のオスのヒヨコが生みだされなくなって、この限りでは倫理的な進歩となるが、そんなことをするのだったらそもそも卵を食べるのを止めたほうがいいというのが、自然で全うな価値判断ではないかと思う。

ともあれ、こうして卵と牛乳も、基本的には肉と同じであって、肉よりも大いにましとは到底いえず、その生みだす悪の差は誤差の範囲だといわざるをえなくなっている。

かつてのベジタリアンが卵と乳を許容できる悪の範囲だと考えていた時代とは、今は違ってしまった。CAFOの拡大により卵乳もまた、肉同様になるべく避けるべき悪に転化してしまったのである。

動物性食品への取り組み

このように、かつては肉の弊害のみが目立っていた動物性食品だが、今や卵や牛乳もまたCAFOによる生産という現実によって、環境破壊と動物虐待と切り離せないものになってしまった。このため動物性食品に対しては、肉のみを批判するのでは不十分で、卵や乳製品もまた併せて批判する必要が生じている。

このことから、社会的な取り組みとしてはこうした動物性食品全般の廃絶、もしくは縮小を目標に、これら動物性食品の弊害を訴え、これらの弊害をなくそうとする試みに自分ができる範囲でコミットするべきということになろう。

日常的な個人的取り組みとしては当然、動物性食品を摂らない、もしくはなるべく少なくするような食生活を採用することが必要だろう。この場合、かつてのベジタリアンのように、肉は一切食べないが卵と乳製品は無造作に大量摂取するような食生活は不適切である。必要なのは動物性食品の摂取を満遍なく減らすような食生活の採用である。

この意味では当然、動物性食品を一切摂らないビーガンの食生活がベストということになる。ただ、では全ての人が直ちにビーガンにならなければならないのかといえば、今現在の時点では、一部の地域を除いては必ずしもそうとはいえない。このことは、先に触れた倫理的実践の大前提である実行可能性と関係する。

倫理学が提起する規範はどんなに高邁（こうまい）で立派なものでも、万人があまねく実行できるようでなければ現実的な意味を持たない。一部のエリートが実践するだけでは不十分なのだ。

肉に慣れ親しんだ食生活から一切の動物性食品を除去するのは、通常はかなり難しい。ビーガンになった人でも大きな個人差がある。容易にビーガンに移行できて、何ら困難を感じなかったという人もいる。そういう人にとっては、ビーガニズムの困難さを強調するのは生半可に感じるだろう。

しかし規範を提起するにあたっては、自分を基準にしないというのが大事な条件になる。このことは理想社会の探求において、顕著に現れる。

これまで資本主義を批判し、資本主義を乗り越えた社会としての社会主義や共産主義を提起する論者の多くが、一般には実行困難な諸条件を自らはその困難さを自覚することなく理想社会に含めがちだった。自分はその方面に興味がなく、そちら側の欲望を制御するのに個人的には特段の困難を感じないのをいいことに、万人が自分のような選好を持つだろうと勘違いしてしまうのである。

例えば私自身、人がファッショナブルな格好をするのをみるのは嫌いではないが、自らがファッショナブルでありたいと思ったことはない。だから洒落(しゃれ)た服や靴に対する選好はない。従って仮に将来、着心地のよい機能的な各種ユニフォームが作られ、そうした数種類の規定服が人民服よろしく支給されるようになり、ファッション自体が消え去っても、個人的には困らない。しかしこれは大多数の選好に反する。だから私がファッションを否定する未来社会を想定するのは僭越(せんえつ)であり、こうした私の選好通りの社会が実現することはむしろ望ましくない。

ところが実際、この手の未来構想を提起する論者は多いし、歴史的にも独裁者が自らの趣味を被治者に押し付けるという事例は珍しいものではなかった。確かに経済合理性だけを考えれば、めまぐるしく変わるモードに合わせて服を生産するのは無駄であるが、そうしたモードを多数が望む社会でそれを否定するようなユートピア構想は、一般的な選好を持った多数には、むしろディストピア的な押し付けになる。所有欲は確かによくないだろうから、今のように物欲を煽(あお)る社会であるよりも、物欲が抑えられた人々が多数になる社会が実現するのは望ましいであろう。だからといって、自分は物欲がなくそして物欲はよくないのだからと、所有欲を全く否定した社会を構想するのは危険な夢想である。しかしこれまでこの手の夢想に囚われてきた人は多かったし、今でも社会主義文献の中に散見される。自分を基準にするユートピアは、ディストピアに直結している。

ビーガンなんて簡単で誰でもできるなどと嘯く人をたまに見かけるが、私のように社会主義を研究してきた者にとっては、「いつか聞いた歌」なのである。

実際現在の日本でビーガンになるのは容易なことではない。私が初めて肉食を批判する論文を世に問うたのは二〇〇四年のことだったが、当時はビーガンという言葉自体を研究者や活動家以外はほとんど誰も知らなかった。それに比べて今は誤解含みであるものの、ビーガンという言葉は日常語にまで一般化している。それだけこの言葉の理念が普及し、ビーガニズムを実践するには有利な社会になってきている。それでもビーガニズムを実践すること、特に厳格に実践しようとするのはかなりの困難が伴う。今やビーガンレストランやビーガンメニューが増えてきたものの、ビーガン食で日常的に外食を行なうのは、多くの日本人にとってはかなり困難である。とりわけ通常の食事をする人々と行く会食や飲み会でビーガン用メニューが用意されている店が選ばれる可能性は低い。拘りがあるビーガンがそういう店に行っても食べられる物がほとんどなくて面白くないし、何が入っているかも分からず心配でもある。勢い外食付き合いは一切避けるということになりがちである。しかしビーガンとしてビーガン専門店以外は一切の外食は避けるべきだというのは、万人に求める規範としてはあまりにもハードルが高い。

また自炊であっても、わずかな動物性成分の混入も一切許さないとなると、やはり容易なことではない。そこで現在の日本で無理なくできる実践としては、自宅ではなるべくビーガン、もしくはビーガンに近い食事をし、外食にあっては動物成分の極力少ないメニューを選択するという形になるだろう。

　このような食生活は原則として動物成分を一切遮断するわけではないのでビーガンの食事とはいえないが、ビーガンを正しい理念として目標にし、それに近づくように努力するビーガン志向的な食生活である。このような食生活について、今日では厳格ではなくフレキシブルに動物成分を避けるようにするという意味でフレキシタリアンといったり、動物成分を削減しようとするという意味でリデュースタリアンといったりするが、こうしたフレキシタリアンやリデュースタリアンを入り口にしてビーガンを目指していくというのが、今日の日本で広く勧めることのできる望ましい食生活の規範だろう。

　ただしこれはあくまで今現在の日本でのことである。状況が変われば当然取るべきアプローチも変化する。ビーガン食材店が目立って増え、動物成分を排した食材や調味料がごく普通の店でも買えるようになり、ビーガンレストランが当たり前で、通常の食堂や居酒屋でもビーガン用の豊富なオプションがあるというような状況になれば、ビーガンであることはもはや容易であり、ビーガンにならない理由はない。実際現在のベルリンはこれに近い状態だという。

　ドイツ料理といえばブルスト（ソーセージ）やアイスバインといったガッツリとした肉料理

が連想されるが、そんな肉王国ともいうべきドイツで、急速にベジタリアニズムが広がっている。[*2]伝統的に肉が愛好されていた国で反肉食運動が急激に広がっているのだから、日本が類似した状況にならないとはいえない。もし今よりも有利な条件になったらそれだけハードルが下がるのだから、早い段階でビーガンに移行することも容易になるだろう。

このことは逆に、ベルリンとは対照的にいまだにベジタリアンや、ましてやビーガンへの偏見が強い地域に住んでいる場合は、より慎重な実践が求められるということを意味する。また、自分が属しているコミュニティのあり方も重要だ。ビーガンであることを公言することによって学校や職場でハラスメントを受けたりして社会的に不利な状況に追い込まれたりすることがあるような人々に、ビーガニズムを義務として課すことはできない。

このように、自らの生きている社会状況に対応する形で、無理なく持続できる範囲でビーガン、もしくはビーガンに近づくような食生活を実践していくのが倫理的に望ましいあり方ということになろう。

動物実験

動物実験は肉食と異なり、基本的によくない行ないではあるが、しかし医学の発展のためには仕方のない「必要悪」だと思われているのではないか。肉食が悪だというのはみてきたように適切な価値判断だが、常識にはなっていない。だから多くの人は、自らが日々当たり前のようにしている肉食が倫理的には容認できない悪行だといわれると、戸惑い反発し、激高したりもする。ところが動物実験はこれとは異なり世間一般の常識としても、できれば行なうべきではないが、しかしそれをしないわけにはいかないようなものだと思われているのではないか。

実際、動物実験を肯定しこれを推進しようとする人々も、動物実験は必要悪との世論にそのまま乗る形で自らを正当化している。現在、動物実験を行なうにあたっては3Rを守ることが、実験推進側にとっても前提となっているからだ。

3Rとはreplacement（代替）、refinement（洗練）、reduction（削減）の略である。つまり動物実験は、可能な限り細胞実験やコンピュータのシミュレーションなどで代替し、行なう場合は動物の苦痛が少なくなるような方法にし、そしてなるべくその量を減らすべきだという考え方である。

だから動物実験は、これを現在推進している人々としても、大規模に発展させたいというのではなく、あくまで必要悪として、その最低限の実施を建前としているのである。

そうすると一体何が問題なのかということである。動物倫理の立場からは、動物実験推進者も遵守しているはずの3Rに、何を付け加えることがあるのかということだ。

一つにはまさに動物福祉がそうであるように、福祉に配慮しながらも動物利用を永続させることを大前提にしているかどうかということである。

この点で現行の動物実験推進陣営の態度は曖昧にみえる。これらの人々は確かに今の時点で動物実験廃止はありえないという立場で一致しているが、未来永劫（えいごう）動物実験をするべきとまではいっていないようにみえる。この点が畜産と異なり、畜産支持者は人類滅亡まで動物性食品を食べ続けたいようである。

だとしたら、まずは実験擁護者が本気で3Rを推進する気があるのかというのが重要な論点になる。つまり代替技術が進歩すれば動物実験の必要は漸減し、やがては消失するのであって、これを現在の実験推進者も目指しているのかという点である。

しかしこの点で、実験推進者の態度は基本的に建前に終始しているのではないかというのが、外側からみえる印象である。コンピュータ検査技術が進歩すればやがて動物実験は要らなくなるかどうか、現時点では誰も分からないはずだが、実験推進者はあらかじめコンピュータには限界があると決めてかかっているように思われる。これはAI論争、人間の脳と同じ人工知能は作れるかどうかという議論と類似している。穏当な結論は「分からない」のはずだが、動物実験推進者は反AI論者のように、あらかじめ原理的にコンピュータ検査には限界があると決め付けているように思われる。そしてその論拠は反AIのように緻密なものではなく、素朴な反発の域を出ていないようにみえる。

そこで動物倫理の立場からは、まずは実験推進者に対して、動物実験が永続化すると決め付けることなく、３Ｒが論理的に要請するように、動物実験の廃絶に向けて規模を縮小するようにしてもらいたいと提言することになるだろう。

しかし動物倫理の中でも、特に義務論に立脚する場合は事情が違ってくる。功利主義だとそれがどこまで可能なのかは定かではないが、実験動物の苦痛を最大限下げることによって、実験動物の苦痛というマイナスよりもそれによって得られる全体の便益がプラスになるとして、動物実験を正当化できるかもしれない。しかし義務論では動物を実験に使うことそれ自体が目的的存在としての動物の尊厳を毀損することであって、動物実験は直ちに廃絶されるべきだという結論になるだろう。

動物倫理はその核心が動物の権利の擁護であり、義務論こそが動物権利論の哲学的基礎なのだから、義務論が要請する即時全廃という結論は基本的に正しいはずである。ただここでもまた、緊急避難的なやむをえない状況が例外となるのではないかという論点が残る。

繰り返し確認しているように、緊急避難的なやむをえない動物利用というのは、それをしないことが人間の生死に直結したり、文明生活の基盤を揺るがしたりするような場合である。直ちに分かるように、動物実験はこれほど重大なものではない。かつての馬に比べれば、その重要性は低い。

とはいえ、医学研究に動物実験は必須だし、動物実験をしなければ薬は作れないという通念も根強い。それでも確固とした義務論者ならば、やはり動物実験の廃止を訴えるだろう。実際レーガンもフランシオンも、動物実験の全廃を主張して揺るぎがない。ただ、彼らや彼らに賛同するような論者は、ただ倫理原則からのみ反対するのではなく、動物実験それ自体への疑義を併せて提出するのが常である。動物実験の実態は、世間一般で思われているほど確かな科学的手法というには程遠いというのである。

動物実験で根本的に問題となるのは、当たり前であるが、実験動物は人間ではないという決定的事実である。確かに実験動物は人体と類似した生理反応を示すがために選ばれるのだが、やはり小さなラットやマウスと人間では、そこに大きな違いがあるのは当然だろう。こうした動物間の種差による反応の違いは、動物実験のデータに大きな不安定要素を残す。動物実験では大きな毒性を示した試薬が人体には無害だったり、逆に動物には無害だったのが人体には大きな害をもたらすということもありうる。

こうした種差のために、動物実験結果のデータとしての有効性は著しく低い。大半の実験が、それが人体とどのような連関を示すのかはっきりしないままに行なわれ続けている。莫大な数の動物実験を行なったが、結局何の意味もなかったというケースも珍しくない。動物実験の凄惨な実態を暴いた本の中に、生物医学研究における動物実験の失敗率が九二パーセントに達するという記述が見て取れる（スラッシャー、二〇一七年）。そしてこの本や多くの本で、ここでその詳細を記すことは控えるが、残虐としかいいようがない実験の有様が報告されている。こうした残酷な実験も漏れなく医学発展に役に立つのならばまだしも、その大半が空データに等しい浪費だというのならば、殺された動物たちも報われないというものだろう。

もっとも、こうした反動物実験側の記述が偏りのあるものだという反論も、特に実験推進側にはあるはずである。私はこれら実験反対者側の報告は信憑性（しんぴょうせい）が高いと考えるが、では仮に推進者のいう通りに動物実験を経ないでは医学上の新発見や新薬の開発は不可能だと認めてみよう。しかしそれでも、彼ら推進者も支持する3Rに基づいて、実験自体が縮減されるべきだという共通前提は残る。この場合、彼ら推進派と我々が異なるのは、我々は動物の権利を守るという原則から、本当に必要な実験しか許容しないことである。当然我々がやむなく認める余地があるかもしれない実験のハードルは極めて高い。

それは実験推進者があたかもそれが動物実験の全てであるかのように伝えようとする、深刻で重要な医薬品の開発のために限られるということである。しかもその深刻さは文字通りのもので、大量死が予測されるパンデミックのワクチン開発のような、まさに緊急避難的なわずかな対象に限定されるのである。そうしなければ文明生活それ自体が脅かされるような、そのような医薬品の開発、そのためのやむをえない犠牲というのが、動物倫理的に許容できる動物実験の最低条件である。

　これはあらゆる動物実験を即座に廃止すべきだという原則的立場からすれば不必要な妥協かもしれないが、この緩められた基準でも、ほとんどの動物実験は消滅することになる。何となれば現行の動物実験の圧倒的多数が、少しも重要ではなく、むしろトリビアルな目的で行なわれているからである。医薬品ではなくて食品や化粧品の新製品を作りだすために行なわれる動物実験には何らの重要性もないが、この手の社会的意義皆無な実験が、動物実験の多数を占めるのである。医薬品にしても、動物実験を経て開発が目指される新薬の多くは目薬や風邪薬のような重要度の低いものであり、すでに十二分に存在していて、もうこれ以上増やす必要のないものばかりである。

　つまり、仮に動物実験の有効性を認めて例外的に許容するとしても、認められる動物実験は現行に比べて圧倒的な少数に過ぎない。そしてわずかな例外もできるだけ速やかに細胞実験やコンピュータ・シミュレーションなどによって代替されるべきだというのが、動物倫理からする動物実験への基本的評価ということになる。

　念のため付け加えれば、心理実験や基礎医学のような医薬品開発を直接の目的としない純粋な科学研究のための実験も、無条件に認められるわけではない。科学研究が重要なのは当たり前だが、科学のためなら何をやってもいいはずはないのが、ナチスドイツや旧日本陸軍七三一部隊の人体実験を思い浮かべるまでもなく、当然のことである。科学研究のためでも動物実験は原則として認められず、動物を苦しめず殺さないという範囲で、わずかな例外が許容される余地があるのみである。大量の動物を殺さないでは書けないような博士論文による学位など認めないのが科学界のコンセンサスになるべきだというのが、動物倫理学からのメッセージということになろう。

さて、ではこの動物実験に対して個々人が日常生活の中でどう取り組むかだが、動物食に比べて個人のできることは少ない。何となれば医薬品開発に動物実験が法的に義務付けられており、動物実験なしの薬を使おうとすると、薬自体を飲むことができないというような現状があるからである。こういう選択の余地のない状況にあっては嫌でも間接的な動物加害に加担せざるをえない。そこでこうした現状を変えるように世間に訴えたり反対運動にコミットしたりするとともに、今すぐできる実践としては、選択可能な範囲で動物実験を経ない製品を使うことである。これは医薬品では困難だが、食品や化粧品では容易（たやす）い[*3]。法律的な義務もないのに動物実験をやっているメーカーがあったら、一消費者として止めるようにリクエストしていくのも有効な戦術だろう。

こうして動物実験もまた動物性食品同様に、その最終的な廃絶を目指してできる範囲での実践を行なうというのが、倫理的に適切な振る舞いということになろう。

野生動物一般

動物倫理で最も重要な問題である肉食と、最もセンシティブな問題といってよい動物実験について瞥見したが、動物倫理はおよそ人間と関係する限りでの動物の倫理的な取り扱いの問題だから、その範囲は広範で、話題は多岐にわたる。ここでその全てを扱うことはできないが、できる範囲で論ずべき問題を取り上げていきたい。

動物は人間とのかかわりという観点では、基本的に人間から離れて生活している野生動物と、人間との密接なかかわりの中で暮らしている、愛玩動物や畜産動物も含めた広い意味での家畜動物に分けられる。人間は地球上の大地にくまなく網を張って広がり尽くしているので、野生動物といえど、人間の干渉を全く受けないでいるのはごく一部であり、大部分は人間側からの何らかの干渉に晒（さら）されている。それでも野生動物が家畜から区別されるのは、それが本質的に人間による飼（か）い馴（な）らしを受け入れないという点である。

これはシマウマを考えてみると分かりやすい。馬を徹底的に飼い馴らしてきた人類は、当然近隣種であるシマウマも飼い馴らそうと試みてきた。ところがシマウマは馬と異なり、どうしても人間に従順になることができず、馬の代わりを果たすことはできなかった。

これはシマウマが家畜になれずに野生動物であり続けたことを意味する。野生動物というのは基本的にシマウマのような性質の動物である。家畜化ができず、人間に懐いたとしてもそれは例外的なことで、家庭の中で一緒に暮らすのにはふさわしくないような動物である。

　こうした野生動物に対して人間はどう付き合うべきかだが、もうすでに答えは出ている。まさに人間が躾(しつ)けようにも懐かないような動物なのだから、放っておいて干渉しないということである。人類はその長い歴史の中で、あらゆる動物を飼い馴らそうと試みてきた。しかし首尾よく飼い馴らされてパートナーとなりえたのは、ごくわずかな動物のみである。それが家畜動物である。野生動物は基本的に飼い馴らすことのできない動物なのだから、家畜のように人間社会のコミュニティ内に入れるべきではなく、人間社会の外側に放っておいて干渉しないようにするのが基本方針になる。

　しかし人類はすでにそれら野生動物が愛玩動物のような家庭内の友にはなりえないと分かっているのにしつこく飼い馴らそうとするし、本来生息していない都市や街中に引っ張り込んで飼おうとする。そういう「無益な試み」によって野生動物は苦痛を受け、その権利が侵害される。これが野生動物に対する倫理問題の基本線になる。

動物園と水族館

野生動物を本来の生息域から引き離し、それによって動物に苦痛を与える施設が動物園である。動物園にいる動物は基本的に動物園にいるのがふさわしくない動物である。動物園内にいても苦痛を感じない動物は基本的に飼い馴らされた動物であり、その多くがさして珍しくもなくすでに人間社会内に溶け込んでいるため、動物園に展示する意味がない。その代表である犬猫ならば動物園の展示スペースに放し飼いされていても大して苦痛は感じないだろうが、犬猫をみにくる客はいないのである。

動物園にいる動物は人間が普段みることができない珍しい動物である。それは人里離れた地に生きる野生動物が主である。人間のいない、もしくは人間がまばらにしか住んでいない場所に住んでいるような動物が「珍しい動物」であり、それを間近にみたいという人間の欲望を叶える施設が動物園である。人里離れた地に住んでいる動物が人間の好奇の視線に間近に晒されれば苦痛を受けないはずはない。こうして動物園はその本質からして動物虐待施設である。

こういうと多くの読者は驚かれるかもしれないが、それは動物園問題における日本の後進性からくる自然な反応である。動物園廃止論は現在の日本ではまだまだ新奇な風説と受け止められているが、欧米ではすでに確立した有力な一学説である。動物園廃止論が確たる批判として動物園関係者にも真摯に受け止められているがために、動物園運営側も動物園動物の飼育環境の向上に真剣に取り組むことを余儀なくされている。その代表的な現れが「環境エンリッチメント」運動である。これは動物園動物の飼育環境をなるべく野生に近づけて、旧来の虐待的な動物園で常態化していたストレスからくる異常行動を防ごうというものである。

こうした試みに対しては当然、それがなお「動物福祉」の枠内のものに過ぎないという原則的批判が適用される。動物倫理の立場からは、動物福祉的な試みが押しなべてそうであるように、原理的に許容はできないが、まずは最低限それが行なわれるべき改善策だと評価される。いくらエンリッチしているからといっても動物園はやはり動物園であり、動物園とは結局、野生動物を人間の一方的な都合で本来の生息地から引き離す反倫理的行為によって成り立つものである。しかし動物園は、それを望む多くの人々に支えられて長きにわたって残存するだろう。ならばせめて環境エンリッチメントのような福祉施策は、動物園運営者に課される当然の義務ということになろう。

ところで、人間がみたがる珍しい野生動物の多くは広大な大地を駆け回るような動物である。そういう動物を苦痛なく飼育するためには、広大な敷地が必要であり、人間の好奇の視線によって恐怖を与えないように、観客席から遠く離れている必要がある。数十数百平方キロ単位の広大なフィールドに放たれ、人間は近づくことができなくなっていて、何キロも先から双眼鏡を使ってその小さな姿を観賞するような動物園ならば動物に与える負担も少ないが、そんな動物園はないし、できてもつまらなくて誰も行かないだろう。実際の動物園のほとんどはこの反対であり、狭い場所に動物を閉じ込めて近くから見つめて面白がるための施設である。

こういうとまたもや読者は、ではサファリパークはどうなのかと思われるかもしれない。しかしここには大きな勘違いがある。日本のサファリパークが模範とするアフリカにある本来の「サファリパーク」は、その野生動物が生息している広大な区域を自然保護公園化したものである。もともと、日本にはライオンなど棲んでいないのだ。元からはいない動物を、普通の動物園よりは広いものの、アフリカの保護区域とは比べ物にならないくらい狭いところに押し込めていることにはサファリパークも変わりないのである。それにこれはアフリカのサファリにもいえることだが、いくら自然のままの生息域に動物が放たれているとしても、間近にみるためにクルマで近づいたりするのは、これをさほど気にしない動物もいるが、動物の個体によってはストレスになる。またいくらクルマに乗っているからといって巨大な野生動物の間近にまで迫るのは危険であり、実際興奮した動物の逆襲によってクルマが破壊されて乗客が怪我をしてしまったり、油断して車外に出ていた観光客が動物に襲われて死傷してしまったりというような事故も起きている。野生動物は近寄らずに遠巻きにみるに止めるべきものだが、それでは面白くないという人間のエゴによって、こうして動物は虐待されてしまうのである。

こんな動物園が一体なぜ今もあるのだろうか？　かってだったら分かる。遠いアフリカの地にいる動物を直(じか)にみるためには、自分がアフリカに行くか、アフリカから連れてくる他ない。探検家でもない限りアフリカに行くことなどできない。だったら連れてくる他ないのである。

伝聞ではなく実物を確かめて好奇心を満たすには、動物園に行くしかなかったのである。

ところが今は全く違う。鮮明で克明な野生動物の映像が、いくらでもみることができる。しかも動物園の動物はたとえ実物であっても、その動物にあっては本来ありえないような異常な場所に閉じ込められ、その動物本来の動きが封じられている。動物園の動物は本物であって本物ではないのである。むしろ映像をみるほうが、その動物本来の生態の理解に役立つ。

このように動物園は明らかに歴史的役割を終えた遺物である。今後は子供を動物園に連れて行くのではなく、ライオンやトラのような動物は本来人里離れた野生の地にあってこそ本当なんだと伝えて、優れたドキュメンタリー作品をみせるというような教育方法に転換されていくべきである。それが動物にとっても子供の成長にとっても最適な道である。

動物園擁護者は動物園は単なる娯楽施設ではなくて教育施設であるとともに研究施設であり、希少種の保存に役立つといったりする。閉じ込められて異常行動をするような動物を観賞させるのは不適切な教育なので止めるべきだし、研究が重要だというのならば研究だけして、閉じ込めて人目に晒して動物に恐怖を与えるようなことは止めたほうがいい。しかし動物園は動物を人目に晒すことによる収益によってこそ成り立つのであり、その本質において結局は動物虐待施設なのである。

動物を虐待すべきではないという規範が正しいのならば、動物園は正しくない施設である。

生きた本物の動物ではなく動物の影像を展示し、映像作品をみせることで野生動物の生態を学ばせるような施設ならば問題ない。全ての動物園はこうした動物を虐待しない施設に転換されるか、さもなければ廃止される必要がある。生きた野生動物を閉じ込めて見世物にするような旧時代的な遺習はもう終わりにしないといけない。

水族館の事情もまた、動物園と同様である。水族館にいる動物や魚の多くはそこにいるべきではなくて、そこにいてもいいような動物や魚はおおむね水族館にいないという事情である。水族館は動物園と異なり、どこまでも大きくすることはできない。水槽のガラスが水圧に耐えられる範囲でないといけない。魚にとって水槽やプールは基本的に窮屈でストレスの元となるのだが、種類によっては苦痛なく生息できる魚もいる。金魚や錦鯉などの観賞魚はそういう魚だろう。しかしそういう魚は水族館に行かなくてもみられるし、錦鯉は難しいが金魚などは高価なものでなければ飼おうと思えばたいていの人でも飼える。こういう水槽や池に入れてもそれほど苦痛を与えるわけでもない魚は、目玉にならない。水族館に客を呼べるのは、普段みることができない珍しい魚や、それ自体はありふれているがその泳ぐ姿を間近でみることは非常に困難な魚である。

当然こうした魚は飼育が難しく、順応できなくて死んでしまう個体も多い。珍しい魚については詳しく説明するまでもないだろうが、後者のありふれているが、しかし泳ぐ姿をみるのが困難な魚は、例えばマグロだろう。

マグロの特徴は、巨体であるにもかかわらず非常に高速で泳ぐことにある。しかも泳ぐのを止めると窒息して死んでしまうため、寝ている時もずっと泳ぎ続ける。このため、マグロを飼育するには非常に大きな体積の海水が必要となる。養殖は海を区切ってやるので何とかなるだろうが、水槽でやるにはどうしても無理がある。大型の個体は無理なので、比較的小型のものを何とか死なないように飼うということになる。こういうことだったら、水中カメラで撮影した映像で十分ではないか。わざわざ狭苦しい中を泳ぐ姿をみる必要はない。もちろん、これはマグロに限ったことではなく、水族館の魚全体にいえることである。

しかしながら、水族館の問題点は何といっても魚以上に海棲哺乳類を監禁していることにある。イルカやシャチが人気だが、どう考えても水族館のプールでは狭すぎる。大海原を泳ぎ回る動物なのである。水族館にいること自体が、これらの動物にとっては虐待なのである。ましてやショーをやらせるなどもってのほかである。観客も事情を知らずに無邪気にみて喜ぶべきではない。大海原を縦横無尽に泳ぎ回る動物がプールで泳いでいること自体が虐待だというのは、少し考えれば分かることだろう。多くの観客がこの簡単な事実に気付いてボイコットすれば、直ちにイルカやシャチの愚かなショーは消滅するし、水族館にイルカやシャチはいなくなるのである。

当然目玉を失った水族館は経営が成り立たないが、それは動物園と同じことである。珍しい魚や海棲哺乳類をみたければ、みることが許されている範囲で自らダイビングしてみればよい。そんな手間はかけたくないというのならば、熟練の映像作家が手がけた優れた作品を鑑賞すればいい。水槽やプールに閉じ込めた動物をみて喜ぶ風習は、檻の中に囚われた動物を眺めて面白がるという悪弊とともに、もうそろそろ卒業しないといけないだろう。

大型類人猿の取り扱い

こうして動物倫理の立場からは、動物園と水族館は直ちに廃止されるか、それが不可能ならば漸次縮小されてゆくべき旧弊といわざるをえない。そのような動物園の人気者の一種が、ゴリラなどの大型類人猿である。

大型類人猿もいうまでもなく権利主体であり、監禁して見世物にすることが許されるはずもないが、こと大型類人猿に限っては、それ以上の存在である可能性がある。

現代の動物権利論はカントの義務論に依拠しつつ、しかしカントその人は動物に認めることのなかった人格性を動物にも見いだそうとするが、その人格性は人間と全く同じPerson（人格）であるというよりも、人格的な「生の主体」であるというように理解されてきた。

こうした生の主体として多くの動物の権利が擁護されることになるが、大型類人猿はこうした生の主体以上の存在、実は人間と同じ人格そのものではないかという可能性があるのである。

このことは、人権が何に由来するのかという根源的な問いと関係する。伝統的思考にあっては、人権の由来は人間が人間であることそれ自体である。しかしこれは種差別主義であり、動物倫理学が原則として退けるべき誤謬（ごびゅう）である。人権の由来を種差別主義に陥らずに説明しようとすると、人間固有の能力を列記して、そういう人間ならではの機能に権利を基づかせることになる。そのことにより、かつては人間固有だと思われていた能力の多くが他の動物にも共有されていることになり、それが権利を動物にも拡張すべき論拠にもなったのだが、こと大型類人猿に限ると、あまりにも人間との共通点が多すぎて、もはや人権とは別の「動物の権利」が適用される存在ではなく、人権がそのまま適用されるのではないかという気がしてくるのである。

もちろん人間と酷似した大型類人猿といえど、やはり人間との確かな違いはある。その最大の違いは、複雑な文法を有する音声言語の有無と、物語の伝承と書き言葉による記録に立脚した文化の有無である。こうした文化のため、人間には長期にわたる教育過程が必要だし、そのために学校のような施設が要請される。また大型類人猿も各個体間や集団間で絶えざる駆け引きを行なっており、そうした広い意味では彼らも政治的存在だといえなくもないが、政党を結成し、投票活動によって支持を得るというような、通常の意味での政治的存在ではない。こうして人間には大型類人猿にない特徴があるのは確かである。

しかしこうした人類を大型類人猿から分かつ徴表は、押しなべて高度な要件であり、人類を個々人単位でみたり、歴史的な視野で捉え返したりすると、普遍的な性質といえるかどうか難しくなってくる。

人間の中には複雑な話をできない人も少なくないし、何となれば我々の誰もが幼児の頃は流暢（りゅうちょう）にここでしているような哲学談義などできなかったのである。また歴史を遡れば人類は文字を持っていなかったし、学校も政党もなく暮らしていた。ではそうしたかつての人類は人間ではなかったかというと、やはり立派なホモ・サピエンス・サピエンスに違いなかったのである。

しかしそうなると、人類と大型類人猿を区別するはずのしるしはいずれも本質的ではなく、大型類人猿と人類を分断する太い線は引けないということになる。

実際、生物学的にはそうなのである。サル目ヒト科はヒト亜科とオランウータン亜科で構成され、ヒト亜科はヒト族とゴリラ族より成る。現生人類ホモ・サピエンス・サピエンスはチンパンジーやボノボとともに、ヒト族に含まれる。生物学的には人間は大型類人猿の一種とされているのだ。

となると、大型類人猿に認められる権利は、基本的に人権と同じか、人権と同じくらいに重みを持つということになる。レーガンのような動物権利擁護者も救命ボートで投げだされるのは常に動物であるというのが常だが、この動物が大型類人猿である場合は、そういうわけにはいかなくなるのである。

これは荒唐無稽な話ではない。世界では大型類人猿に人間と同様の絶対的権利を与えようという動きは大きく広がっていて、実際一部では法制化がプログラムされている。[4]

こうなると、大型類人猿に関しては、動物園で展示することはもちろん、研究目的であっても無理やり現地から連れてくるわけにはいかない。たとえ丁重に扱おうとも誘拐は許されないように、大型類人猿を無理に研究施設に運ぶのは人攫い（ひとさら）と同然ということになる。許されるのは密猟者に親を殺された子供を保護するというような場合のみだろう。そうでなければ研究者は自分が生息地に出向いて研究をするべきである。

こうして大型類人猿の権利は人権と同じか人権と遜色のないような絶対的なものであるべきだということになる。

そうすると我々人間は大いに困るのではないかと思われるだろう。しかし実際は全然困らないのである。ゴリラやチンパンジー、オランウータンといった大型類人猿は、人間によってその生息域を急激に奪われて、いずれも絶滅の危機に瀕している。彼らの権利を守ることとは、密猟者に殺されるのを防いだり、森林開発によって生息域が荒らされたりしないようにするだけで、我々の日常生活とは何の関係もないのである。せいぜい動物園で眺めたり、エンターテインメントで芸をさせて慰みものにしたりするというくらいが接点で、当然これらの動物利用は何の重要性もないし、虐待として退けられるべき悪に過ぎない。

大型類人猿は我々と最も近い動物であるどころか、我々自体が大型類人猿の一種なのである。人間に最も近い親類であり、同じ仲間として丁重に扱わないといけないのである。

野生動物の狩猟

野生動物は飼い馴らせない動物なので基本的に放っておくべきだと述べたが、人間の野生動物に対する最も伝統的な対応は、それを狩猟対象とすることである。農業が発明される以前の狩猟採集時代では、野生動物を狩猟することは生存のための必須な手段だった。しかし現在、そのような人々はほとんどいない。

現在の狩猟は主として生活の必需から行なうものではなく、娯楽としてなされるものである。このようなスポーツ・ハンティングには、ライオンのような大型の野生動物を仕留めること自体を目的とし、記念に皮をはいだり頭部や全体を剝製にしたりして、自らの武勇を誇示するトロフィー・ハンティングも含まれる。比較的小型の動物を対象とする通常のスポーツ・ハンティングでは、仕留めた動物を食用とすることが多いが、トロフィー・ハンティングは食用を目的としない限りで、スポーツとしてより純化されているともいえる。

　このようなスポーツ・ハンティングが倫理学的に許容される余地は少ない。他に食べるものがなくて仕方なく行なうのならばまだしも、スポーツ・ハンティングはそういう生存のための狩猟とは異なり、他に食べるものがあるのにあえてやることであり、選択の余地のない殺生ではない。このため、義務論はもちろん、功利主義でも正当化はできないだろう。唯一徳倫理学の場合は先にもみたように、論者がハンティングに何らかの美徳を見いだすことがあれば、もっともらしい正当化の理屈が作れるかもしれない。しかし恐らく徳倫理学を支持する人々でも、その多くはスポーツ・ハンティングに美徳ではなく悪徳を見いだすのではないかと思う。もちろん、スポーツ・ハンティングは現代版のブラッド・スポーツであり、許されることではない。倫理的に認められないのは当然として、この場合は法的にも禁じる余地のある愚行である。

　この点では毛皮に状況が似ている。毛皮動物は主として毛皮を取るためだけに捕らえられたり繁殖させられたりする。そして毛皮をはがされて殺される。繰り返しいっているように、かつては毛皮は必須だった。しかしもう不要である。機能的には他に優れた防寒着がいくらでもあるし、ファッション的にも精巧なフェイクファーで代用できる。このような現状であえて本物の毛皮を望むのは、過剰な贅沢である。倫理的に望ましくないのは当然だが、毛皮生産によって動物に与えられる甚大な苦痛と、それによって得られる便益のあまりの些少(さしょう)さは、もはや公序良俗を犯しているといえる。この意味で、良心に訴える道徳の次元から、社会的な美風を守るためにもう一歩進んで、法律で禁じる必要があるのではないかと思われる。

スポーツ・ハンティングも同様だろう。特に、希少な野生動物を自らの見栄や嗜虐(しぎゃく)趣味のために殺傷し、あまつさえその遺骸を剝製にして見せびらかすようなトロフィー・ハンティングは、もはや道徳の次元の問題ではなくて、法で厳しく禁じる対象ではないかと思われる。

こうしたスポーツ・ハンティングに対して、生活の必需から行なう狩猟は次元を異にする。この場合は狩猟をしないでは自らの生命が維持されないのだから、まさに緊急避難的な状況に該当する。このような狩猟を禁じるのはもちろん、倫理的に弾劾することもできない。ただし、功利主義や義務論の立場からは、できる限り代替手段を見つけるように提言することになろう。実際現在の地球上で、本当に狩猟でしか生活に必要なカロリーを得られないという人々はほぼゼロに等しい数だろう。そういうわずかな人々は、倫理規範の対象外である。

とはいえ、実際に現在でも狩猟民といわれている人々の多くは、他に食料を得ようと思えば得られるものの、自らの社会の文化的伝統だからということで、あえて狩猟を続けているケースに該当する。こういう「伝統狩猟」に対しては、功利主義では動物の苦痛を勘案するとやはり他の手段に代替されるべきだということになりそうだし、義務論ではもっとはっきりと認めないということになるだろう。

これに対して徳倫理学では、トロフィー・ハンティングとは異なり、この場合は容認する論者が多いように思われる。伝統的狩猟はスポーツ・ハンティングで優勢な利己的な欲望の充足という面は少なく、共同体の一員としての絆を深めるというような側面が強い。これを麗しい伝統遵守の美徳に数え上げる徳倫理学者は多いのではないかと思う。

では基本的に義務論に依拠し、動物の権利を擁護する動物倫理の主流的な立場ではどう考えるかだが、前提として徳倫理学と異なり価値判断する人間ではなくて動物の側に立って考える。そうすると人間側の伝統は動物にとってはどうでもいいことで、変更できるなら伝統を変更すべきだということになろう。そもそも伝統だから常に正しく守るべきではないのは自明である。切腹は日本の長い伝統で、日本社会では格式のある処刑方法としてその美徳が称えられていたが、だからといってこの伝統を守り続ける必要は全くなかったのはいうまでもない。

ただ、動物権利論の立場でも、当該社会にとって狩猟の伝統がことのほかに重要であり、狩猟を止めることがその社会を崩壊させて極度のアノミー状態をもたらし、多数の自殺者を誘発するということにでもなるのだったら、話が違ってくる。この場合は特殊な例外状況であり、緊急避難的に狩猟の継続が認められるだろう。しかし当然そのような社会はほとんど考えられないのであり、基本的に狩猟を止めて他の食料調達手段への転換を求めるというのが、基本線になるだろう。

野生動物の駆除

野生動物は狩猟対象とされる他に、「害獣」として駆除される場合がある。駆除というのは遠ざけて近寄らないようにさせる意味もあるが、基本的には殺害してしまうことを意味するようである。

どのような場合に野生動物が害獣となり、人間によって駆除されてしまうかといえば、農作物を食い荒らすのを防ぐためというのが一般的だろう。

野生動物を捕らえたり殺したりする手間や心理的抵抗を考えると、あえて駆除に乗りだすのは、相当に被害が大きくなってからなのが普通である。時たま野菜を一つ二つかじられることに激怒して、なりふり構わず駆除しようとする農業従事者はいないはずである。ということは、駆除するまでになった獣害は、もともとの状態ではなく、何らかの状況の変化によることが大きい。もともとは人間の畑を荒らさなかった動物が、何らかの理由で荒らすようになったということである。

その理由の中には地球温暖化のような個人では対処できない根源的な原因もあるだろうが、地域的な乱開発のような、直接的な因果関係が手繰れるようなものもある。そうした原因の連鎖の中で、改善可能なことはできる限りやるようにして、動物が人間の食料を奪わないような条件に戻す努力が必要である。そうした努力の積み重ねにもかかわらず、相変わらず獣害が減らないのならば、電気フェンスの設置やアラート音を出すといった形で、原則として殺す駆除ではなくて、動物を近寄らせない駆除方法にするべきである。

それでも、どうしても日常的な殺害による駆除が必要ならば、そもそもそこで農業を続ける必然性を問い返すべきだろう。そのような、絶えざる動物殺害をしないではいられないような土地でなければ農業を続けられないのだろうか。場所を変えることは絶対にできないのだろうか。恐らくそんなことはなく、先祖代々の土地であるとか、そこに住むことに愛着があるとかの何らかの拘りで、そこに居続けているというのが通常だろう。こういう人々を法で規制してどかせるのはいきすぎで、基本的にそういう人の意思を尊重しないといけないが、倫理的に不適切なのは間違いない。土地への愛着は分からないでもないが、動物の命よりも重い価値ではない。先祖が代々そこで農業を営んできたのは、絶えざる害獣駆除などが必要なかったからだろう。もともとそういう土地に、現代人よりも動物の殺生を重く捉えていた昔の人が住み着いたとは考え難い。常に殺さなければいけないような状態になってしまった今や、もはやその土地には旧日の面影はないのである。新天地を求めるか、居続けるならば生業を変えるべきだろう。

もちろん、もともとではなくて、田舎が好きだからといってわざわざそこに移住して動物を殺し続ける生業を行なうのは不適切である。移動や居住の自由もあるし、田舎暮らしに憧れる気持ちも分からないではないが、動物の大量殺害を日常とせざるをえない土地と生業を選んだのは避けることが可能な選択の結果であり、倫理的に擁護はできない。別の場所に移住するか、違う生業に転換すべきということになる。

エンターテインメントにおける動物使用

これまでたびたび触れてきたように、昔は動物をいじめるブラッド・スポーツが盛んだった。幸いにもそうした蛮行の多くが今や姿を消しているが、まだその面影を残す動物利用が残存している。スペインの闘牛などはその代表である。

闘牛は有名な闘牛士が刀剣で牛を刺し殺すようなやり方もあれば、牛同士を戦わせる場合もある。当然刺し殺す闘牛は禁止されるべきである。実際スペインでもかつては国技と持て囃し（もてはや）ていたが、今は逆に国の恥と考えて、廃止を求める人の数が多いそうである。

牛同士を戦わせる闘牛は刺し殺す闘牛よりもましではあるが、動物虐待であり、倫理的に認められるものではない。直ちに禁止まではいかなくても、伝統だからといって重んじるのは止めるべきである。

サーカスでの動物芸は盛んだったし、今でも支持する人もいるが、動物虐待なので止めるべきである。特に人間に基本的に懐かないライオンなどの「猛獣」に芸をさせたりするのが人気だが、全く許容できない愚行である。客を喜ばせるためにこうした猛獣を躾ける「猛獣使い」が、訓練中に動物に逆襲されて殺されてしまう事故も珍しくない。あまりにも痛ましい話であり、こんな悲劇を生まないためにも、サーカスでの動物利用は禁じられるべきである。法律で禁じることができなくても、水族館のイルカショー同様に、観客がそこで行なわれているのが紛うかたなき動物虐待だと気付いてボイコットすれば、こうした愚行は直ちに消滅する。サーカスの芸は、自らの意志でそうしたい人間のみがするべきである。

エンターテインメントは往々にしてギャンブルに結び付いて、両領域にまたがる形で動物が利用されている。鶏同士を戦わせて賭け事をする闘鶏やドッグレースは分かりやすい動物虐待であり、すぐに止めるべきである。さすがにこれらの競技はその品位のなさを嫌悪する人が増えて多くの場所で禁止されてきており、日本及び世界でも今は下火である。

これに対して、同じように動物を使うギャンブルでありながら、競馬は世界中で盛んである。これはそもそも競技の規模が他の動物利用ギャンブルに比べて格段に大きく、確固とした伝統が形成されているという点が大きい。

確かに競馬は闘牛や闘鶏のような分かりやすい動物虐待ではない。速く走るための訓練に存分にフィールドを駆け回ることがむしろ推奨されており、動きを封じられるＣＡＦＯの動物とは対照的である。もちろん、厳しすぎる訓練は虐待となるが、過度な訓練は競技能力を減少させてしまう。一般に競走馬は大事に育成され、レースに臨むことになる。

レースにおいて騎手が馬の尻を強く鞭打つことは虐待にみえるが、実際には馬の皮膚は厚く丈夫で、人間に叩かれるぐらいでは激しい苦痛は感じないとされる。また、走ることに純化されて品種改良された競走馬にとってコースを思い切り駆け抜けることは、人間が擬人化してそう思ってしまうほどの苦痛ではないと考えられている。

こうしてみると競馬は、さすがに他の動物利用競技と比べれば、動物虐待の要素は少ないと思われる。競馬廃止論が本格化しない理由でもあろう。

だからといって、では競馬は他の動物利用競技と違って永続的にやり続けていいのかといえば、それもまた違うだろう。それは何よりも、競技引退後の馬の処遇に集約される。

馬の寿命に比べて競走馬が現役でいられる期間は短い。

競走馬は一般的に二歳から競技に出始めて、ほとんどが五歳までに引退する。おおむね二年間が現役期間とされる。わずかなエリート馬のみがその後も活躍するが、それでも長くて五年間くらいだろうといわれている。一方馬の寿命だが、おおむね牛同様で、二〇歳から三〇歳は生きるとされている。

ではそのほとんどが五歳前後で引退する競走馬のその後はどうなるのだろうか。競走馬の問題点はとにかく速く走ることに特化していて、競馬以外の利用が難しいことである。足が細く、万人を乗せることはできない。騎手は小柄であることが前提で、その体重は五〇キロ前後に抑えられている。このような馬だから乗馬も乗る人を選び、汎用性が低い。馬車を引いたりして観光に用いたり、農作業に使ったりするのは難しい。引退後の競走馬の使い道は狭く限定されるということである。

そのため現役時代に活躍したスター馬や、際立って血統のよい馬以外は、その多くが殺処分される。処分された馬は家畜のエサや農作物の肥料などに転じられるが、日本の場合は馬肉を食べる習慣もあるので、一部はそちらにも回っているといわれる。スター馬は繁殖用に生かされることが多く、種付けや出産ができない老馬になっても、その雄姿を眺めにきたり有名馬を殺されることに憤るファンのために、自然寿命まで生かせてもらえる。そのため馬の長寿記録の多くが、かつてのスター馬のものだったりする。一番有名なのはシンザンで、実に三五歳以上も生き長らえた。

このように、確かに競馬は他の動物利用競技に比べて虐待の度合いが少ないとはいえるが、自然寿命よりはるかに短い大量の殺処分が前提とされるという意味で、やはり動物虐待であるといわざるをえない。

競馬の場合は他の動物利用競技に比べてそれが虐待であるとのコンセンサスが取り難く、大規模に施行されていて確固とした伝統も築かれているため直ちに廃止することはまず不可能だが、その規模を縮小させて無益に殺されてしまう馬の数を減らすことはできるだろう。これはひとえに世間一般の動物への意識が高まるかどうかにかかっている。

ギャンブルの是非はまた別の話で、ギャンブル自体が倫理的に問題があるものだが、それはひとまずおくとして、競馬でなければいけないという理由はない。公営ギャンブルでは、競艇やオートレースは動物虐待ではないが、騒音や排気ガスによる環境負荷が高い。全て人力で行なう競輪が最も倫理的問題が少ない。少なくとも競馬ではなくて競輪をするようになれば、問題はかなり改善する。やはりここでも、人間が全て自分たちだけでやるべきで、動物を使うべきではないということである。

ペット＝コンパニオン動物

ここにきてようやくペットの話ができるようになった。おおむね重要な問題から論じたので、ここまで後になったということである。つまりペットはそれこそが動物倫理問題だと世間で思われているのに対して、動物倫理学の世界では重要度の比較的低い問題だということである。それは肉食や動物実験で毎日大量の動物が殺され続けている巨悪に比べればまだしもというこ とだが、しかしやはりなお重要な問題には違いなく、こうして改めて考える必要があるテーマではある。

ところで、このペットという言葉にはどうしても主に対する従のイメージが付きまとう。しかし今日人々がペットに求めているのは、決して下僕として付き従わせることではない。それは共に生活史を綴（つづ）っていく家族であり、パートナーとしての役割である。つまりペットは人間にとっての大切な人生の随伴者であり、コンパニオンなのである。だからペットはペットと呼ぶにはふさわしくなく、コンパニオンと呼ぶべきだということである。

ペットはペットではなくコンパニオンであるという理念それ自体が、コンパニオン動物の倫理問題のあり方を集約的に表している。

コンパニオン動物がコンパニオンたるゆえんは、その動物の生が尽きるまで共に歩むがためである。ここから当然、気楽に犬猫を購入し、飽きたら人にあげるとか、ましてやどこかに遺棄してしまうというような無責任な飼い方は否定される。しかしそういう飼い主は少なくなく、またそういう無責任な飼い主であっても金を出しさえすれば動物が購入できてしまう。当然こうした現行のペットビジネスのあり方は根本的に変革されなければならない。実際、生体販売を禁止するのは世界的なトレンドであり、倫理的に正しい方向でもある。日本も直ちにこの流れに合流し、「ペットショップ」は全て「ペット関連商品ショップ」に変更される必要がある。

コンパニオン動物は売買によってではなく、全て保護や譲渡によって引き受けるものというのが市民常識になる必要がある。そしてゆくゆくはコンパニオン動物を飼うにあたっては、飼い主にふさわしいかどうかが審査される免許制になるべきだろう。

こうして飼うことの敷居を高くすることによって、コンパニオン動物の総数を下げることができる。現在の「ペット問題」の根底には、動物の総数が多すぎるという点がある。そもそも犬も猫も繁殖力旺盛な動物であり、バースコントロールをしなければ際限なく増えていき、結局もてあました人間によって大量の殺処分が余儀なくされてしまう。

野生動物は基本的に放っておかれるべきだが、犬猫のような愛玩動物は違う。すでに長い年月を人間と共生してきて、人間と共にあることがこれらの動物の根源的な生存条件になっている。そのため人間に干渉されないことによって、愛玩動物は逆に自らの生存が脅かされてしまう。野生動物とは逆に、いかに適切に人間によって世話をされるかが、これらの動物が幸福に生きられるための鍵となる。

犬猫は人間に干渉されず、本能のまま生殖活動を行なうことによって、むしろ不幸になる。大量に生まれる子供を人間の餌付けなしに育て上げることは、ほとんどの犬猫にはできない。多くの子供は生き延びられないし、親も絶えざる生命のリスクに晒される。ごく一部が野生に戻って生き延びるかもしれないが、人間の側としても犬猫を再野生化させるわけにはいかない事情がある。それは感染症、特に狂犬病の予防のためである。犬猫はもはや、常に人間によって管理され、その生のあり方がコントロールされることが、犬猫自身にとってもその生の質の高低を決める、最大の要因になっている。

このため、野生動物に対しては不必要な介入になる去勢処理が、愛玩動物にとってはむしろ生の質を高めることにもなる。野生動物から生殖の権利を奪うのは不当だが、犬猫の場合はむしろ野放図に生殖させるに任せることが逆に危害になる可能性が高い。

ここから、犬猫のような愛玩動物にとっては、一代限りの生を人間に保護されながら全うするのが幸福ということになる。

これはまた、理念としては、全ての犬猫のような愛玩動物が幸せである場合、それらの動物は、今現在生きている生が幸せなまま尽きた後に、種としては絶滅することを意味する。

ここに動物倫理におけるコンパニオン動物問題の最大の焦点がある。コンパニオン動物はすでに完璧に家畜化されていて、人間の干渉抜きではその生を全うすることはできない。しかし人間に飼われなければ生きられないというのは、その主体的な権利が常に侵害されるということである。動物の権利を尊重することの制度的実態は動物を商品として売買しないことだとしたが、愛玩動物は確かに譲渡や保護によって売買の対象から外すことができる。しかし人間に飼われるということそれ自体が、生を丸ごと他者に所有されることであり、この限りでは奴隷と同じである。動物の権利論は人間の隷属を批判するように動物の隷属を批判する。コンパニオン動物は人間に愛される存在だが、その形式的な地位は奴隷と同じである。ということはコンパニオン動物もまた、解放の対象になるということだろうか。

確かに同じ家畜でもコンパニオン動物と畜産動物ではその境遇は全く違う。畜産動物はCAFOで虐待されるのに対して、コンパニオン動物は家庭内で愛玩される。人間に飼われ可愛がられるのがコンパニオン動物にとって何よりも大切だというのは、飼い猫と野良猫の違いが如実に示している。野良猫と部屋飼いの猫とでは、平均寿命が五倍も違うとされる。[*5] このことは、コンパニオン動物は人間に飼い馴らされてこそ、その本来の幸せが得られるような存在だということを意味している。だから、人間に隷属することは、その人間が優しく愛してくれている限り、コンパニオン動物にとっては何らの権利侵害ではないともいえる可能性がある。だがこのことは、コンパニオン動物の運命は飼う人間に完全に依存し、運悪く嗜虐趣味のサイコパスの許(もと)に行ったり、飽きたら捨てるような無責任な連中のところに行ったら救いようがないことも意味する。

以上を総合的に考えると、長期的にはコンパニオン動物は絶滅に向かって漸減し続けるのが倫理的には正しいということになりそうである。いくら大切にされるからといって、隷属させられることが生存の基本条件になっていて、自然な生殖本能に委ねると不幸になり、去勢がむしろ幸せをもたらすような動物は、その最も根源的な生の次元においては生まれることそれ自体が不幸な存在だということになろう。

生まれてしまったことそれ自体の苦痛は生の中で得られるいかなる快楽とも非対称だとして、存在しないことそれ自体を最善だと考える反出生主義（アンチ・ナタリズム）が一部で流行をみせているが、その主要な理論対象である人間について適切であるかどうかはここでは問わない。しかし家畜動物に対しては、それが原理的に自律した主体になれず、動物にふさわしい生の目的を達成できない存在だからという理由で、アンチ・ナタリズムの適用対象だということはできるかもしれない。実際コンパニオン動物の最高の幸せは、安全に去勢されて飼い主の愛情の中で育てられて、その安楽な生を閉じることにある。これを普遍化すれば、コンパニオン動物にとってはアンチ・ナタリズムが正しいということになろう。

しかしこれはあくまで超長期的な究極の理念である。実際にはコンパニオン動物、特に猫は、その旺盛な繁殖力を人類は完全にコントロールすることはできず、いたずらに数が増えすぎて殺処分され続けているし、「純血種」や「ブランド猫」を購買対象として求める人々のために人為的に増やされ続けている。犬も同様である。こうした純血種犬猫の中には、珍しい姿態を求めて無理な交配を繰り返したために、先天的に寿命が短かったり、様々な障害が出やすくなったりしている品種も少なくない。

まずはこういう人為的なブリーディングを廃して生体販売を禁止することによって、コンパニオン動物の総数を減らすことである。そして厳しい資格審査と行き届いたトラッキングにより、今よりずっと少ないコンパニオン動物がほとんど全て、幸せな生を全うできるようにすべきである。こうした動物は原則として去勢されているから、そのままだと一代で絶滅してしまう。ここに至って、コンパニオン動物の「幸せな隷属」を認めてその生を永続化させるか、原則に従って隷属それ自体を認めず絶滅に任せるかの究極的な選択となる。この選択は開かれた問いとして未来世代に委ねたいと思う。

動物性愛

コンパニオン動物は人間に愛され大事に飼われることによって幸せになる動物である。人間の側も動物を大切にすることによって動物に懐かれ、他では得られない癒やしを動物から得ることができる。

この場合コンパニオン動物を「愛する」とはもちろん like very much ということであって、非常に好きになるということである。人間同士の恋愛関係とは異なる。人間同士の恋愛関係では、決して必須の要素ではないものの、往々にして肉体的な交渉、つまり性愛を伴う。いくらコンパニオン動物が好きだからといって、それはあくまで精神的なつながりであって、肉体的な交渉を持たないのが通常である。

これに対して、動物に対しても人間の恋人のように、肉体関係を伴う恋愛感情を抱く人々がいる。これが動物性愛者である。

このような人々がいることはほとんど知られていなかったが、文化人類学を研究するノンフィクション・ライターの濱野ちひろ（一九七七〜）の『聖なるズー』（二〇一九年）の出版によって、一躍知られるようになった。動物倫理学でもこの動物性愛の問題はこれまでほとんど取り上げられてこなかったが、確かに実在する人間と動物のユニークな関係性であり、濱野著でも強調されているように、こうした性癖を持っていてもほとんどの人は匿名であってもカミングアウトすることはないので、実際にはかなりの数の人がいると思われる。その意味で、動物性愛は動物倫理学においても、無視しえない興味深いテーマだといえる。

動物性愛は動物との肉体関係を含んだ愛だが、獣姦（じゅうかん）とは似て非なるものである。獣姦は人間側の一方的な欲望のままに動物を性欲解消の道具とするもので、動物虐待の一種である。これに対して動物性愛者は動物を性欲の捌け口（はけぐち）ではなくて、人間同様の恋愛対象としてみる。コンパニオン動物を人間の恋人同様に尊んでこれと共に生きようとする人々である。恋愛対象となる動物は目的的存在として尊ばれる。そのため動物性愛者の対象となる動物への扱いは、獣姦者のそれとは対照的である。何よりも虐待しないことが第一となる。だから原則として猫は対象外となる。猫はあまりにも小さいため、性愛関係を結ぼうとするとどうしても傷付けてしまうからだ。

こうして性愛の具体的対象はほとんどが中型以上の犬であり、例外的に馬という形になる。性愛のパターンは男性がメスを、女性がオスをといった固定したものではなく、それぞれ同性愛も含む多様なものである。

実際の行為は決して強要することはなく、動物性愛者自身の言によれば、お互いの「同意」によるものだという。そのため、動物のほうから人間に対して性行為に誘ってくることもあるのだという。まるで人間同士のような性愛関係が、種を超えて展開されているということである。

当然こういう動物性愛に対して、世間の目は辛辣である。特にキリスト教を文化的背景に持つ欧米では、動物性愛者の強調する獣姦との区別は聞き入れてもらえず、決して越えてはいけない一線を越えた背徳者として、露見した場合は法的処罰を含む厳しい社会的制裁を受ける。そのためほとんどの動物性愛者は発覚を恐れて息を潜めて暮らしている。

ではこうした動物性愛についてどう考えるべきかだが、まず客観的には、動物性愛者の主張する動物との愛のある肉体関係と単なる獣姦を区別することは非常に困難だということがいえるだろう。その上で、獣姦は動物虐待なので禁じる必要がある。その意味では、動物性愛も人間側の一方的な思い込みに過ぎない可能性は残る。結局、予防原則に基づけば、動物性愛も獣姦も一律に禁ずるべきという議論が最も有力だと思われる。

しかし、仮に濱野著で報告されているような、動物への加害要素のない種を超えた相互的な恋愛感情に基づく性行為が実際に成り立っていたとしたらどうかということである。

この場合は、法的にはもちろん、倫理的にもこれを批判するのは難しいと思われる。

まず功利主義的には、性愛行為によって実際に動物に苦痛を与えているかどうかが問題になる。現実には動物性愛者がどう主張しようとも、犬や馬には本来、人間と性交渉する性質は全くないため、どうあっても苦痛を与えてしまうことが考えられる。だがここでは動物性愛者の言を受け入れて、動物に全く苦痛を与えていないと仮定する。そうすると動物性愛によって全体の福利は向上することはあっても減少はしない。従って功利主義的には何ら問題のない行為であり、両者が性的な満足を得られるという点では、むしろ望ましい行ないということになる。

義務論においても、動物性愛者の主張通りならば、動物を目的的存在として愛するため、そこに批判される要素は何もないということになる。カント自身はこれを絶対に認めないだろうが、それはカントが種差別主義者だからである。種差別批判を前提にした義務論ならば、相手が人間であるかどうかは二義的な要素で、相手を目的的な存在として尊んでいるか、相手もまた尊ばれていることを理解し、愛情を積極的に受け入れることができる生の主体であるかどうかである。人間と犬、人間と馬は共にこうした関係を築くことが可能なので、もし動物性愛者のいうことが真実ならば、これを批判する余地はない。

これに対して徳倫理学の場合は、たとえ動物性愛者のいう通りに何らの虐待的要素がなくても、これを受け入れないと思われる。そこに苦痛や相手への手段視がないとしても、動物と人間が性行為を行なうことはこれを称えて広げるべき美徳とはいえないだろうからである。動物と性行為を行なうことによって、他で得ることのできないような独自に育まれる徳目というのがあるのかどうか、にわかには思いつかない。逆に多くの人は、いくら動物が好きだからといって性交渉を行なうことは節度のない振る舞いであり、悪徳であると感じるだろう。徳倫理学では動物性愛は否定される可能性が高い。

では動物性愛を動物倫理学的にはどう考えるべきだろうか?

動物倫理学の基本的な考えは繰り返しているように動物の権利を尊ぶことである。強制のない動物性愛は動物の権利を何ら侵害しておらず、これを禁ずる理由はない。もし動物性愛者が主張するように、時として動物の側が性交渉を強く求めるのだとしたら、こういう動物の要求を無視し叶えないことは逆に動物の権利の侵害といえる可能性もある。

しかし倫理学にはまた、その行為が広く普遍化すべきだという重要な含意がある。確かに虐待のない動物性愛は悪ではないが、逆にこれを広く一般化すべき善だともいえない。我々は動物性愛者が虐待なく動物と性交渉することを禁ずる論拠を持たないが、だからといって、これを人間とコンパニオン動物の望ましい関係のあり方だとはいえないだろう。禁じはしないが、積極的に推進するものでもない。

濱野著に出てくる動物性愛者の中には、もはや動物との肉体関係は望まず、精神的なつながりこそが大事だという人もいる。やはりこれが本道でないか。

倫理学的には虐待のない動物性愛を頭ごなしに否定することはむしろ個人の自由の侵害になる。だからといって動物との性愛は、広く普遍化すべきコンパニオン動物に対する望ましい関係ではない。動物を人間のように愛してしまう人々のあり方は、これはこれで尊重されるべき一つの自由であるが、広く普遍化するのが望ましい積極的な善ではない。コンパニオン動物に対して広く普遍化されるべき善はやはり旧来のように like very much という意味で愛することであり、肉体的ではなく精神的に家族の一員としてつながり、彼ら彼女らまたは我々の命が消える最後まで、お互いの生を共に歩むという関係性である。

第四章　人間中心主義を問い質す

伝統的動物観の前提としての人間中心主義

これまでみてきたように、動物倫理学は応用倫理学の一つであり、応用倫理学は規範倫理学の方法論に基づいている。そのため動物倫理学も規範倫理学の代表的な立場である功利主義、義務論、徳倫理学それぞれに基づいた議論が展開されている。

しかし動物倫理学が伝統的に追究してきた中心テーマは「動物の権利」であり、これは義務論によって根拠付けられる。そのため、動物の権利擁護を中心課題とする動物倫理学は基本的に動物もまた人間同様の権利主体であると考えて、現行の動物利用が動物の権利を損なっていることを批判してきた。

ということは、動物倫理学の理論的背景には人間の特権性、動物に対する人間の絶対的優位という伝統的思考を批判し、世界の中での人間の地位を相対化する考え方があるということになる。この場合、問題は動物に限られることなく、動物以外の存在全てと人間との位置関係の伝統的配置が組み替えられるというような、世界観の根本的転換が現代の動物倫理学の理論的な背景にあるということである。

それはこれまでの議論で示唆してきたように、伝統的な動物観の前提には伝統的な人間観があるのであり、伝統的な人間観はまた、伝統的な世界観の一つの表れだったということである。

そうした伝統的な世界観とは、この世界を常に人間の側から人間の視点でみること、この世界の基本配置を、人間とその他という形で考えることである。

こうした思考法は、日常的な言葉遣いにも反映されている。環境という言葉が典型である。環境という日本語表現は、今日的な意味では英語 environment の翻訳語として使われだした。environ は囲むことであり、環境とは囲んでいるものである。では何を囲んでいて、何が囲まれているのか?

environment に直接対応するドイツ語は Umgebung で、umgeben は取り囲んで包むことを意味する。やはりこれだけだと何が取り囲まれているかは判然としないが、ドイツ語にはこれとは別に、環境を意味する単語として Umwelt がある。

Welt というのは world であり、um は周りを意味する。つまり環境とは周りの世界なのである。ここまでくると何が囲まれているのかが判明する。それは人間であり、環境とは人間を取り囲む世界全般を意味するということである。逆にいえば、人間とはその周りに世界が取り囲んでいるところの中心ということになる。つまり人間こそが世界の中心であり、この世界は人間を中心にできているのだということである。

このような考えはまさに「人間中心主義」という他ないが、こうした人間中心主義的な思考が、欧米では日常的な言葉にまで深く染み込んでいるわけだ。

これは日本語世界に生きる我々からするとかなり異質というか、分かり難い話ではないだろうか。なぜ環境のようなありふれた日常語にまでこうした人間中心主義的な思考が染み込んでいるのか。どうしていちいち、世界の中での人間の地位を確認するような思考パターンになっているのか。どうにも分からないというか、ピンとこないのではないだろうか。

しかしどうやら欧米の人たちにとっては、こうした人間の世界内での位置付けを常に確認し続けることが、自らのアイデンティティとも関係するくらい、重要な問題になっているようなのである。こうした日本人には分かり難い欧米的思考様式が前面に出て、多くの日本人の憤慨を引き起こしたのが捕鯨問題である。

捕鯨の倫理的是非については前章でことさら取り上げなかったが、動物倫理学の立場からそれがどう取り扱われるかは、わざわざ説明するまでもないだろう。ここでは捕鯨に反対する平均的欧米人の態度に、多くの日本人が不快感を示したという事実を考えてみたい。

今や鯨肉消費はほとんどなく、鯨は日本人の日常生活には縁遠いものである。ならば鯨肉消費を咎められてもどうということもないはずなのだが、それでも多くの日本人が欧米からの批判に反発したのは、そこに余計な押し付けを感じて文化的なナショナリズムが刺激されたのとともに、欧米人の何ともご都合主義的な態度に憤慨したというのが大きいだろう。それは欧米人が牛や豚を食べながら、日本人の鯨肉食を批判したからである。いわれた日本人からすれば、自分たちは牛肉を食べているくせになぜ我々の鯨肉食を咎めるのだという気持ちになったわけである。

これは確かに偽善であり、理論的に間違っている。しかし当の欧米人のほとんどは、自らの誤りを深刻に受け止めず、むしろ特におかしくない常識的な態度だと考えているわけである。

つまり彼らは明らかに論理的に矛盾した自らの態度を、しかし自分たちの中ではおかしくないものとして折り合いを付けているのである。その理屈は、牛は食べ物だが、鯨は食べ物ではないという「理論」である。

牛は神様が食べるために我々に授けて下さったのに対して鯨はそうではない。鯨は食べるための動物ではない。だから食べてはいけないのだという理屈である。

こういう世界観があるため、多くの欧米人は論理矛盾に悪びれることなく鯨肉食を非難し、こうした世界観的背景が分からない日本人は欧米人の独善的態度に憤慨するのである。

このように欧米人の常識には深くキリスト教的世界観が染み込んでおり、神という威光を背景に、しかし実際には自分たちの勝手な都合で、世界にある万物を腑分けしているということである。

こうしたキリスト教に背景を持つ人間中心主義は、そうした背景を持たない者には何とも自分勝手な思い込みで、こんなことを考える人たちとは付き合いたくないという気にもさせられるが、ところがそういうわけにもいかないのである。まさにこうしたキリスト教的な人間中心主義を思考の前提にした人々がこの地上の覇者になってしまっているからである。

何よりも現代文明は、こうした思考を持った人々によって生みだされ、発展させられたからである。そしてこうした人間中心主義的文明が、その栄華と共に深刻な環境破壊をもたらし、人類の存続それ自体を脅かしている。してみると、西洋を模倣し文明社会を築き上げ、西洋発の文明生活を享受し続ける非西洋社会に生きる我々にとっても、欧米人のパラダイムともいうべきキリスト教的人間中心主義をおかしな思い込みだと一蹴することはできないだろう。

そして何よりも、これまでみてきたような伝統的な巨匠たち、デカルトやカントもまた、キリスト教的な人間中心主義の圏内で思考し、それがために機械や物にしか過ぎないという、歪んだ動物観を帰結させたりもしたのである。この意味で、キリスト教的な人間中心主義を考察することは、持続可能な文明実現のための環境条件を考えるにあたって重要なだけではなく、動物倫理の問題としてもまた、避けて通れないテーマとなるはずである。

キリスト教と人間中心主義

キリスト教的な人間中心主義は、人間がこの世界の中心だというのが聖書の教えであるとみなすことに基づいている。その究極的な根拠は聖書の冒頭、創世記にある。聖書を読んだことがない人でも、次の記述は目にしたことがあるだろう。

神は言われた。「我々にかたどり、我々に似せて、人を造ろう。そして海の魚、空の鳥、家畜、地の獣、地を這うものすべてを支配させよう。」神は御自分にかたどって人を創造された。神にかたどって創造された。男と女に創造された。神は彼らを祝福して言われた。「産めよ、増えよ、地に満ちて地を従わせよ。海の魚、空の鳥、地の上を這う生き物をすべて支配せよ。*1」

つまり人間とは神の似姿であり、もうこれだけでそれ以外の被造物とは本質的に区別される特別な存在である。さらに神は人間に生き物を支配せよと命じたのである。つまりこの世界において、人間は人間以外の被造物の主人であることが、はじめから定まっているわけである。人間以外のものは人間にとっての手段である。人間が目的であるのは人間以外のものが手段だからである。カントが人間を目的として捉えたのは、動物をはじめとした人間以外のものを手段とすることと裏腹だった。カントは信仰ではなく理論に基づいてそう考えたのだが、寸分違わず重なり合うこの思考様式は、カントがキリスト教圏の哲学者であることを包み隠さず露にしている。

キリスト教の人間中心主義は、一般的にはほぼこの創世記の図式に尽きる。研究者ではない普通のキリスト教徒大衆の意識では、この創世記の記述がアルファにしてオメガである。人間は神の似姿であり、特別な存在である。人間の周りの万物は神様が人間のために造って下さった。そして人間はこの地上世界の中心であり、動物たちの支配者である。だからこそ環境とはUmweltであり、人間の周りの世界なのである。それは動物のみならず、植物も無機物も含めて全てが、人間のために存在する手段だということである。

これが欧米社会の主流を成す伝統的な世界観であり、そして欧米人がこれまで行なってきた動物及び環境全般に対する振る舞いは、まさにこの図式通りに、ただただ主人である自らの欲望を叶えるために隷属させる下僕であるかのように勝手気ままに扱うというやり方だった。

こうしてキリスト教の人間中心主義は、人間の動物に対する搾取を正当化するのみならず、動物を含めた環境そのものの破壊の根拠ともなる。何しろ環境自体が人間のために存在するというのだから、それをどうしようとも人間の勝手である。人類は長らく、少ない人口と未熟な技術による低生産力状態に甘んじていたが、産業革命以降の文明発達と人口増によって、大規模な自然への介入が可能になった。そして自然をまさにもっぱら手段としてのみ捉えて、ほしいままに開発に明け暮れたのである。その予期せざる結果が環境破壊である。もしキリスト教の教義にはじめから自然を目的視するような内容が大前提としてあったら、今日のような環境破壊は防げたかもしれない。

しかし、こうした話は本当なのだろうか？　本当にキリスト教はこうした、ただただ人間のわがままを助長し、動物虐待と環境破壊を促進するような宗教なのか。そして欧米人がキリスト教徒だったから今日のような環境問題が生じたのか。これは分かりやすいが、ちょっと分かりやすすぎないか。本当にこんな単純な話なのかということである。そこで、もう一度聖書を少しだけ詳しくみる必要がある。

聖書は本当に人間中心主義を説いているのか

欧米人のパラダイムであるキリスト教に基づく人間中心主義は、聖書の冒頭にあるあまりにも露骨な人間の特別視に基づいていることをみた。そして、キリスト教徒ではあるがキリスト教を学問的に研究しているわけではない欧米の一般大衆は、こうした創世記のお墨付きに何も加えることもなく、これをそのまま素直に受け止めて常識としていることもみた。

しかし本当に聖書はこんな露骨で単純な話をしているのかというと、どうやらそうではないようなのだ。

先に引用した創世記の一節は信者ならずとも非常に有名であるが、しかしこの次に何が書かれているのかは、逆に信者以外はほとんど知らないはずである。こう書かれているのだ。

神は言われた。「見よ、全地に生える、種を持つ草と種を持つ実をつける木を、すべてあなたたちに与えよう。それがあなたたちの食べ物となる。地の獣、空の鳥、地を這うものなど、すべて命あるものにはあらゆる青草を食べさせよう。」そのようになった。

これは一体どうしたことであろうか？　神は人間を地上の生き物全ての支配者に任じたはずであり、だから人間は動物を自分の意のままに殺して食べてもよかったはずである。ところが、そういったはずの神がすぐ続けて草と実を食べろといっているのである。これではまるで神が人間をビーガンとして創造したかのようではないか。これは一体どうなっているのだろうか。

実際聖書には、「動いている命あるものは、すべてあなたたちの食糧とするがよい」という、現在のキリスト教徒の常識と合致する神の命令文もある。しかしこれはビーガニズムを勧める今の箇所と矛盾しないのだろうか？

これを解く鍵は「地の獣、空の鳥、地を這うものなど、すべて命あるものにはあらゆる青草を食べさせよう」にある。これだと全ての生き物が草食動物になってしまうが、現実には肉食動物が存在するからである。

つまりこの箇所はまさに人類が創造された時点でのオリジナルな人間と動物たちのあり方で

あるわけである。この時点では全てが楽園的な平和に包まれていて、殺し殺されるという肉食的な世界ではなかったのである。

周知のようにその後に人間は堕落してしまい、それに怒った神が一回限りのリセットとして大洪水を起こし、方舟(はこぶね)に乗ったノアの家族と動物たち以外を地上から一掃してしまう。これは人間がかつて持っていた純粋さを失い、人間も動物もこれまでのような平和な草食生活を続けることができなくなってしまったことをも意味したのである。そのため、何でも食べてよいという神の訓辞は、生き延びたノアたちになされているのだ。

ところがこの時点でもなお、神は無条件に肉食を許したわけではなかった。それは何でも食べてよいという訓辞の後に、次のような限定条件を付しているからだ。

ただし、肉は命である血を含んだまま食べてはならない。また、あなたたちの命である血が流された場合、わたしは賠償を要求する。いかなる獣からも要求する。

これが本当のところ何を意味しているのかは分からない。キリスト教各宗派の中でも解釈の大きく分かれる箇所だろう。文字通りに受け止めると、屠るのではないため血が流されることのない自然死した動物の肉を食べろといっていることになる。もしそうだとしたら実はこの時点でも聖書のビーガニズムが維持されていたということになるが、さすがにそれは無理な解釈だろう。実際死肉を食べるのは危険だし、死肉食はキリスト教の伝統では全く一般化していない。

　ではこれは何を意味しているかだが、その真意についてキリスト教の立場からする動物解放論の第一人者で、ペットという呼び名の不当性を告発したことでも名高いアンドリュー・リンゼイ（一九五二〜）は次のようにいっている。すなわち、人間は動物をやむをえない場合は殺してもいいが、動物もまた人間同様に神の被造物であるということを十分わきまえて、自分の所有物としてほしいままにできる対象ではなく、動物の命も人間の命同様に神のものなのだということを十分に自覚して、神への責任を負わねばならないと。

　これは明らかに欧米のキリスト教徒大衆の常識とは異なる。これではまるで、できる限り肉食をするなといっているに等しい。キリスト教の一般常識では肉食は全く罪ではなく、そこに後ろめたさを感じるいわれはさらさらないが、リンゼイの解釈ではまるで原罪扱いである。リンゼイの解釈が正しいのならば、聖書の教えは肉食肯定どころか、ビーガン志向的なリデュースタリアンともいうべきものになってしまう。

　実際現在の聖書研究の世界では、リンゼイのような解釈は決して珍しいものではない。欧米人の一般常識となっている通常の解釈では、創世記の冒頭文を文字通りに受け止めて、人間はこの世界の「支配者」だとみなす。これに対してリンゼイ的な解釈では人間は決して支配者ではなく、動物たちと同じ被造物として、神の園であるこの世界の管理を任された「庭番」のようなものだとみなされる。

こうした聖書解釈は今日ではガーデナー（庭番）・アプローチとかスチュワード（執事）シップ・アプローチなどと呼びならされて、従来環境破壊の源泉とも見なされがちだった聖書の教えが、むしろ逆に環境保護の論拠にすらなるというような主張がなされている。

では真相はどうなのかということなのだが、キリスト教徒でも神学者でもない私に聖書解釈を確定することはできないし、またその責もないだろう。ただ、異教徒の部外者がこうして瞥見しただけでも、聖書は単純に人間中心主義のみを主張しているとはいえないことだけは確かだろう。

つまり聖書は、どちらとも受け止められるような曖昧さを残しているということである。

ではなぜリンゼイ的な庭番解釈ではなく、地上の支配者だという解釈が常識化したのか。これについては歴史の偶然ではないだろうと、私には思われる。むしろかなり強い歴史的な根拠があるのではないか。ではそれはどういうことなのか。

キリスト教と環境破壊

こうしてみると、聖書の標準解釈である、人間を世界の中心をなす特権的な存在とする見方と環境破壊は、深い歴史的連関があるように思われる。そしてそういう指摘は古くから多くの人々によってなされてきたようにも思われる。しかし実際には、明確には体系化された理論化は、技術史家であるリン＝タウンゼンド＝ホワイト・ジュニア（一九〇七〜一九八七）が嚆矢だとされる。今や環境倫理学の古典として多くのアンソロジーに収められている「我々のエコロジー的危機の歴史的諸起源」が発表されたのは一九六七年のことであり、キリスト教神学の歴史からすればつい最近のことに過ぎない。

この有名な論文でホワイトは、キリスト教は特にカトリックやプロテスタントのような西方的な形式においては人類史上最も人間中心主義的な宗教であり、人間の自然に対する搾取的態度を抑制する原理を持たない教えだとした。この教えによって培われたのは、可能であれば際限なく自然を加工し利用することを是とする文化である。そして実際この文化は人類史上初めて、科学と技術を結合することによって、自然に対する際限のない搾取を可能にする力を得ることができた。ホワイトによれば、我々の科学と技術は人間と自然への関係に対するキリスト教的な態度から成長してきた。そのため人類は自然を軽蔑し、自然を我々の全く取るに足りない気まぐれのために使うのを厭わないのだという。また人間のエコロジー的な条件は宗教によって決定されるため、技術のみで環境問題を解決することはできない。環境問題を解決するには、西方的なキリスト教と異なる、新たな宗教が必要だとしたのである。

このホワイトの論文が発表された当時はオルタナ運動が盛んで、東洋の宗教や文化が西洋の人々、特に若い世代に強い影響を及ぼしていた。禅仏教やヒンドゥー教の文化が広く西洋社会に紹介され、ブームを起こしていた時期でもある。そこから類推されるように、環境破壊的な西洋キリスト教に対して環境親和的な東洋の宗教哲学が対置されそうなものである。ところがホワイトは、禅やヒンドゥー教はあくまでアジアの文脈だけのもので、キリスト教文化が強固に確立している西洋社会に根付くことはありえないとした。

ありうるのは唯一キリスト教内部のオルタナティヴであり、それは聖フランチェスコ（一一八二頃〜一二二六）の教えだとした。聖フランチェスコは小鳥と会話するモチーフで有名なように、自然に親しみ、生き物を慈しんだ聖人として広く知られている。ホワイトはフランチェスコの教えはキリスト教の正統とは異なり、人間の他の被造物に対する絶対的支配を説いたのではなく、逆に人間の被造物に対する専制支配を廃し、神の全被造物への民主主義を打ち立てようとしたとする。このフランチェスコの教えはいったん挫折して広まることがなかったものの、これを再び広めてゆくことが環境問題解決の鍵だというのが、ホワイトの展望である。

ホワイトの論文は、先に我々が素朴に連想したキリスト教的人間中心主義と環境破壊との関係の理論化の一例として興味深いものだが、こうして理論化されてみると改めてその理論的なおかしさが痛感される。

これだと、現在の環境破壊はキリスト教徒が聖フランチェスコの教えに従わなかったからだということになる。もしフランチェスコの教えがキリスト教の主流的な解釈になっていたら、今日のように環境破壊が起きなかったというのだろうか？

この想定がおかしいのが、フランチェスコの教え自身は確かに主流的なキリスト教に対して異端的なのかもしれないが、フランチェスコ自身は異端でも何でもなく、むしろ正統派中の正統として、キリスト教世界では深く崇敬される聖人の一人だったからである。実際フランチェスコ会は長い歴史を通して現在に至るもカトリック内での最有力会派の一つである。

ということは、現在主流の環境破壊的なキリスト教解釈ではなく、環境親和的なフランチェスコ的キリスト教が正統解釈になっていてもおかしくなかったわけである。ホワイトによれば社会の状態を決定する究極要因は宗教ということになるから、その宗教が採用された原因をさらに遡ることはできない。ということは、今と異なりフランチェスコ的な教えが主流になる可能性は十分にあったのだが、たまたまフランチェスコが選ばれなかったため、今のような環境破壊が生じてしまったということになる。本当にこんな話になるのだろうか。実際ホワイトは、どうして環境破壊的なキリスト教が選ばれフランチェスコが選ばれなかったのかという理由はどこにも述べていない。我々の運命は単なる歴史的偶然に委ねられたということなのか？

このような「歴史観」は、歴史の説明方法としてはあまりにも厳密性に欠け、説得力が希薄ではないだろうか。

こうした史観の説得力が希薄なのは、実際に歴史を生きていた人々の生活それ自体に密着していないからではないか。

宗教がそれを信奉する人々の生活に強い影響を及ぼすのは否定しようがないが、生活のあり方自体を規定する根本原因とまでみるのは過大評価だろう。むしろ人々の日常的な生活のあり方が、人々の意識を規定するのではないか。キリスト教という宗教と環境破壊の関係は、因果関係が逆なのではないかということである。

すでにカール・マルクス（一八一八～一八八三）とフリードリヒ・エンゲルス（一八二〇～一八九五）は『ドイツ・イデオロギー』（一八四五、四六年）において、「意識が生活を規定する」と考えるイデオロギー的転倒を批判して、「生活が意識を規定する」のが現実的な人間の生活過程のあり方だと喝破した。「正統的キリスト教が選ばれたから環境破壊が生じた」というのは、まさに『ドイツ・イデオロギー』で批判されているイデオローグたちの思弁そのものである。このような転倒したイデオロギーではなく、環境破壊を引き起こすような生活様式が形成されていたがために、こうした生活様式と親和的なキリスト教解釈が採用されたというのが真相ではないか。

環境破壊的な宗教が偶然選択されたから環境破壊が生じたのではなくて、環境破壊を誘発し許容するような生活のあり方が先にあって、それを正当化するイデオロギーとして宗教が使われたのではないかということである。

その意味では、キリスト教それ自体は環境破壊的でも環境親和的でもない。人々が日々の生活過程で行なっている環境破壊的な生活様式を正当化するための根拠として、人々の生活に即した形に形成されたのではないかということである。

キリスト教という宗教が環境破壊をもたらしたのではなく、環境破壊をもたらすような生活様式が採用されていたから、その正当化としてキリスト教が利用されたのである。これはキリスト教に限ったことではなく、他の宗教でも事情は同じだろう。宗教は人々の生活に強い影響を与えるが、生活そのものを決定する究極原因ではない。まさに意識が生活を規定するのではなくて、生活が意識を規定するということである。

人間中心主義の両義性

キリスト教に由来する人間中心主義は、本当はキリスト教から生じたものではなくて、自然を自分の意のままに加工し、動物を自らの意志で完全に支配したいという人類の願望のイデオロギー的な投影に過ぎない。しかしそれだからこそ、これを覆すのは容易なことではない。

人間中心主義が環境破壊的な生活様式のイデオロギーであるのならば、これの克服は環境破壊的ではない生活様式の確立ということになる。これはまさに現行の資本主義的な経済秩序そのものに根本的変革を要請するような壮大な射程の話になる。ここでは人間中心主義というのが、一つの思想それ自体としてはどういう意味を持ち、これをどう捉えるべきかという話に止めて、この限定の中で人間中心主義の含意を示してみたいと思う。

　人間中心主義はよく混同されるが、人間主義と同一ではない。人間主義はヒューマニズムの訳であり、人間中心主義はアントロポセントリズムの訳である。アントロポスは人間のことであり、これがセンターだという思想である。そのためには人間以外のものと人間を比べる必要があり、人間を中心にするためには人間以外のものを周縁化して価値を下げなければいけない。そのため動物ひいては環境全般が人間の周りに人間よりも価値が低いものと位置付けられるわけである。これに対して人間主義は人間にとって人間こそが目的であるとか、人間は人間的であるべきだという考えで、人間性を一般的に重視し、この価値を高めていこうという思想である。このため、人間主義それ自体には、人間中心主義のように人間以外のものを貶(おとし)める思考はもともとは含まれていない。

　ところが、もともとは含まれていないにもかかわらず、人類は歴史的に往々にして、含めなくてもいい差別意識を人間主義に含めてしまい、人間性の高唱を動物の卑下と抱き合わせで行なうというような、誤った方法を取りがちだった。そこでまず、こうした旧弊を自覚的に取り除き、人間主義と人間中心主義は違う論理に則っているという本義に立ち返り、人間主義の称揚を人間中心主義的偏見から救いだすということである。人間中心主義からきっぱりと区別された人間主義が有益な思考方法であることは、論を俟たないだろう。

　ではこうして人間主義と区別された人間中心主義をどう考えるべきかであるが、この人間中心主義にもまた、両義的な面があろう。

　動物倫理学や環境倫理学の文脈で問題にされる人間中心主義は、基本的に規範的な価値概念である。これはみてきたように、人間以外のものと比べて人間を高める差別思想であり、人間のみの都合で動物及び自然をどのようにしてもいいという、これまでの文明には整合的だが、これからの文明にはふさわしくない旧弊である。従ってこうした規範的な価値概念としての人間中心主義は、これをきっぱりと退ける必要がある。

　これに対して人間中心主義という概念を、旧来の用法とは異なり、この世界における人間の地位という事実を指し示す記述的概念としても考えることができるかもしれない。この場合、人間は確かに価値としてはこの地上世界の中心ではないが、事実としてはこの地球の中心ではないかということである。

　人間は地球上にくまなく広がり増え続け、他の近隣種族が絶滅または絶滅の危機に瀕しているのに比べて圧倒的に成功した生物種である。しかし生物それ自体としては、地球上で最も成功したとはいえない。最も成功したのは昆虫であり、全バイオマスの過半数は昆虫である。

　確かに昆虫がたくさんいるというのは誰もが思う実感であるが、しかしその実態は想像の先を行くものである。例えばアリは最も成功した生物の候補に挙げられており、膨大な数がいることは想像に難くないが、それでも事実はとても信じられないほどの量である。アリの総バイオマスは五億トンを超えるだろうといわれるからである。人間の平均体重を六〇キロとして八〇億にならんとする現在の人類全ての重さをもってしても、アリの総量と吊り合わない可能性がある。標準的な働きアリの重さは〇・〇〇四グラムとのことなので、総数はまさに天文学的な数になる。場所を海に転ずれば、小さな海老に似たプランクトン（自走しない生物）であるナンキョクオキアミもまた、アリと並ぶ総重量で地球上で最も成功した生物の一つとされる。

　しかしこうした動物と比べて、または他のどのような動物と比べても、人間の独自性は際立っている。それは人間が高度な技術を有し、技術発展に基づく文明を築き上げたからである。人間は部厚い防寒服を着ることや暖房設備によって、極寒の地でも生息することができる。人類の定住地で最も暑いところは五〇度を超え、最も寒い場所は零下六〇度を下回る。一〇〇度を超える寒暖差の中を生息できる生物は人間以外にはほとんどいないだろう。

　そして人間は文明によって、その類全体の活動という単位では、地球全体の環境をも変動させるような巨大な生産力を獲得した。人間は生物としては決して巨大でも強力でもないが、技術の力によって他のどの生物とも全く比類ない力を得るに至った。

人間をこの世界の中心で支配者だと価値判断するのは僭越だが、事実としては人間は間違いなく地球上の中心的なアクターとなっている。この意味で、人間中心主義という概念は価値判断としては確かに不当だが、事実認識としては正当である。

ではこのような事実としての人間中心主義、地球上の生命活動の中心が人間によるものになっているという認識からは、どのような規範が導きだされるべきだろうか。

それこそまさに価値判断としての人間中心主義の否定だろう。人間がこの地上世界を壊滅させることもできる力を持った唯一の生物種であるという事実からは、それだからこそ自分を地上の王と驕(おご)ることなく、謙虚な態度でこれ以上地球を痛めつけないように心掛けるという規範が導きだせるだろう。

言い換えれば、人間は事実としてこの地上世界の中心であるがために、この環境世界に対して責任があるということである。この責任を果たすためには、謙虚な態度で、自分を決して地上の支配者とみなさないような、非人間中心主義的な価値判断が要請される。

このように、これまで人間中心主義はもっぱら価値概念として、人間の環境世界に対する支配を正当化する論理としてのみ捉えられてきたが、この概念は事実概念としてもみられるという両義性がある。そして事実としての人間中心主義から導きだされるべき規範は、むしろ価値判断としての人間中心主義の否定である。

人間は、自らが否応なくこの世界の中心になってしまっているという事実認識をしっかりと踏まえて、しかし自分は決してこの地上世界の中心ではないのだという価値判断を行ない、謙虚な態度で中心的アクターとしての役割を果たすべきである。動物への配慮もまた、こうした規範の主要内容の一つということになろう。

第五章　環境倫理学の展開

環境倫理学からの問題提起

動物倫理学はその問題意識の中心が動物の権利の擁護にあるということをみてきた。動物を権利的な存在と捉える前提には、動物が一方的に人間に働きかけられる単なる客体に過ぎないのではなくて、自らの意志で行為できる主体でもあるという見方がある。こうした主体は伝統的には唯一人間のみだと考えられてきたが、こうした人間中心主義的偏見を打破して、人間を相対化して捉える必要性があることを、動物倫理学は訴えてきた。

しかしこうした人間中心主義批判を共通のパラダイムとしつつも、動物の主体性や自律性を強調する動物倫理学的思考になお大きな問題点があることが指摘されている。それは環境倫理学からの問題提起で、伝統的哲学が囚われていた人間中心主義的偏見を克服しようとするのはよいが、なおそこにはまだ伝統哲学と共通する旧弊が乗り越えられぬままになっていると問いかけるのである。

ではその問い質しはどのようなもので、動物倫理学の何が問題だというのだろうか。それをみる前に、そもそも環境倫理学がどのような学問で、どのように始められたのかということをみてみたい。

環境倫理学の始まり

環境倫理学は先にも少し触れたように、地球温暖化のような現代ならではの環境問題を考察する応用倫理学の一部門であるが、この学問は他の応用倫理学とは少し毛色が変わったところがある。他の応用倫理学は通常、倫理学原理そのものを批判して新たな原理を提起するということはせずに、既定化された規範倫理学の原理を具体的事象に応用して、その分野ならではの倫理学的考察を行なう形になっている。それに対して環境倫理学は、その始まりから旧来の倫理学そのものの原理的否定を志向していたからである。そして、そのような否定をそのまま承認することが環境倫理学の核心だとする論者もいれば、そうした否定をあくまで限定的に受け止めて、旧来の方法論との接合を図ろうとする論者もいる。では環境倫理学はどのように始まったのか。

大学の専門研究学科としての環境倫理学の歴史は非常に浅い。こうした大学アカデミズムにおけるパイオニア的な研究者としてはアメリカの哲学者であるホームズ・ロールストン三世（一九三二〜）やジョン・ベアード・キャリコット（一九四一〜）が挙げられる。大学の専門科目としての環境倫理学が設けられたのはキャリコットによるもので、一九七一年のことに過ぎない。キャリコットは一九四一年生まれなので、動物倫理学にとってシンガーがそうであるように、環境倫理学も少壮研究者が始めた若い学問ということになる。

しかしシンガーと動物倫理学の関係と異なり、キャリコットは一般に環境倫理学の始祖とはみなされてはいない。それはキャリコット自身が自己の学問の直接的先駆者を明言しているためであり、そしてキャリコットによる環境倫理学創始者への指定が、アカデミズム内だけではなく、アメリカの一般大衆にも広く受け入れられたからである。

その創始者とはアルド・レオポルド（一八八七〜一九四八）であり、レオポルドが提唱した「土地倫理」が、環境倫理学の元祖だと、現在では広く認識されている。では土地倫理とはどういうものか。

土地倫理における人間の位置付け

レオポルドの土地倫理であるが、これが環境倫理学の嚆矢をなす独自の理論的問題提起であり、伝統的倫理学とは峻別（しゅんべつ）される環境倫理学の独自の方法論であるとの位置付けは、ひとえにレオポルドを自己の先駆者と称えるキャリコットによるものである。レオポルド自身は専門的な哲学研究者ではなく、確かに自分の考えを独自なものとして提起はしているものの、専門研究者ではないところからくる論証の甘さや、当然に想定される反論への備えもなされていない。

それというのも、レオポルドの「土地倫理」が展開されているとされる代表的な論考は、もともとは体系的な著書としてまとめられたものではなく、没後に出されたエッセー集的な著作の一章に過ぎないからだ。

この著書『砂土地方の四季』（一九四九年）は、翻訳の題名が『野生のうたが聞こえる』とあるように、もっぱら優れた自然観察誌の一つとして一般に受け止められて、時代を画するような独自な倫理学書だとは考えられてこなかった。ところがキャリコットらによるその理論的意義の高唱によって、今やこれこそが環境倫理学の出発点となる古典だとみなされるようになっている。

ではレオポルドの独自な環境哲学が展開されているとされる「土地倫理」とは、どのような思想なのか。

土地倫理は確かに独創的な思想であるが、その骨子は明確であり、分かりやすい。まず「土地」であるが、これは普通の日本語の用法では地面を意味するが、むしろ「生態系」に近い。つまり、自然物だけではなく、土地の上に乗っかった動植物も人間も全て含めた、最大限広い意味でのランドである。そして土地倫理とは、こうした生態系とほぼ同義をなす土地を価値判断の基準とする倫理学説である。「物事というものは、生物共同体の完全性、安定性、そして美を保存するものであれば正しい。その反対に向かう時には誤りである」というのが、土地倫理の基本テーゼである。

とすると旧来価値判断の主体であったはずの人間はどうなったのかということになるが、「土地倫理は、ホモ・サピエンスの役割を、土地共同体の征服者から平の構成員及び市民に変える」ということになる。先にみたようにホワイトは聖フランチェスコに被造物の民主主義を見いだしたのだが、くしくもレオポルドは宗教ではなくて世俗的な視座から同じような生命の平等主義を唱えていたわけである。

このようにレオポルドを継承し、その思想的核心をより原理的なレベルで位置付けようとしたのがキャリコットである。キャリコットによれば、土地を価値判断の基準にし、人間を世界の中心から環境世界全体の一部に格下げした土地倫理の核心は、それが環境倫理学の基本視座である「全体論」であることにある。では全体論とは何なのか。

個体論から全体論へ

キャリコットは大学で環境倫理学の講座を開設したパイオニアであるのみならず、そうした環境倫理学を類似した方法論に対して独自なものとして際立たせようとした。まさにその主要論敵となったのが、本書の主要テーマである動物倫理学である。キャリコットはこれまたホワイトの論文と並ぶ環境倫理学の古典として多くのアンソロジーに収録されている「動物解放——三極問題」（一九八〇年）で、シンガーやレーガンらによって台頭してきた動物解放及び動物権利論と対比させる形で、自己の主張する環境倫理学の独自性を主張した。

キャリコットはシンガーやレーガンらの、功利主義と義務論の別なく動物擁護哲学であるという広い意味での動物解放論が伝統的な人間中心主義を突き崩したことを評価するが、彼によれば人間か動物かという対立のなお奥に、動物解放側にとっても伝統哲学同様に受け継がれてきた、一層根深い旧弊があるという。キャリコットによれば、近代倫理学は一貫して道徳的価値を個体（individuals）に内在するものとして位置付けて、道徳的価値を含む何らかの個体と、それを含まない他の個体を区別しようとしていたというのである。

確かにデカルトもカントも先にみたように、人間を本質的に精神的な存在として捉え、動物にはない選択意志を有する権利主体だとみていた。そしてシンガーやレーガンはこれに異を唱えたのだが、それは動物もまた人間同様に平等な配慮の対象だったり、人間のような権利主体であるというものであった。この意味で、動物の道徳的地位を確定する価値は、やはり個々の動物に内在するものとされていた。この限りで確かにシンガーもレーガンも伝統倫理学同様の個体主義に違いなかった。

これに対してキャリコットは、こうした「二極構造」はなお表層的な対立に過ぎず、この二極が共に個体主義という点では同じであるとした上で、土地倫理が真実のオルタナティヴとしての第三極になるとする。それはシンガーやレーガンらの動物倫理学が、動物の独自の価値を明確化することによって旧来の哲学に共有されていた人間中心主義的偏見を払拭しようとしたのはよかったが、やはり旧来の哲学同様に価値を有する個的な主体と、価値を有さないそれ以外の客体というように世界を腑分けしていたということである。この意味で彼らは確かに旧来の哲学に対して非人間中心主義という新しい第二極を作りだすことに成功したものの、なお乗り越えられるべきアトミズム的（原子論的）なパラダイムに留まっていたのである。このアトミズム的なパラダイムこそが土地倫理が乗り越えようとする地平であり、土地倫理はこの第二極に、これからの哲学の中核となるべき真実のオルタナティヴとしての全体論という第三極を対置するものだというのである。

それはまさに土地倫理が価値判断の基準を個々人に求める個体主義ではなく、レオポルドがいうように人間を中心ではなく周縁化し平の構成員にして、土地全体を価値規範の根拠にするからである。こうした「全体論」としての土地倫理が、真実のオルタナティヴである第三極としての環境倫理学の立場だという。

ではこうした全体論をどう考えるべきかだが、まずこうした考えが伝統的な人間中心主義を相対化し、環境と対立する概念としての人間ではなく、環境世界に内在する要素としての人間を打ちだしたという点で、積極的に評価できる。今日どのような哲学構想も、環境を超越するような特殊存在としての人間を前提としたのでは、持続可能な文明論の模索と構築という現代の哲学に求められる不可欠な理論的要請に応えることはできないからだ。

しかしながら、価値を個々の人間や動物という個体に内在するものとしない見方は、価値及び価値によって根拠付けられる権利というものの本質を考えると、やはり失当なのではないかと思われる。このことはいわゆる「自然の権利」の議論を考えてみると分かりやすい。

自然の道徳的権利

自然の権利というのは、動物のみならず自然それ自体が権利を持っているという考えである。この場合、法的な意味での権利と、権利そのものまたは道徳的な権利とを区別する必要がある。今日自然の権利という概念が実効性を持つ形で用いられるのは、基本的に法的な権利の場面である。

このような法的な自然の権利は、アメリカの環境法学者であるクリストファー・D・ストーン（一九三七〜）によって、樹木も原告適格たりうるかという形で提起された。これは樹木のような自然物を原告にし、人間が代理人になって裁判を起こせるのかという議論である。日本でもアマミノクロウサギを原告として訴訟が起こされたことがあった。こうした法的な意味での「自然の権利」は法理解釈としては成り立つのかもしれないし、法廷戦術としても有効かもしれないが、いずれにしてもこの次元の「権利」の議論は、本来の意味での権利を自然に認めるかどうかという議論とは別次元の話になる。

本来の意味での権利は道徳的な権利であって、権利それ自体としての権利である。それはその存在に内在的価値があることを前提条件とし、さらにはその存在が目的的存在として尊重される条件としての権利である。このような権利を動物に認めるのが動物の権利論であることは先にみた。

どのような存在に権利があるのかは論者によって見解の差があるが、少なくとも能動的な感覚的存在であるのが最低限の前提条件になる。従って権利は基本的に動物に固有なものということになる。植物は能動的な感覚的存在ではないし、岩や川のような自然それ自体は生命ですらない。従って、自然の権利は法廷戦術のための操作的な概念としては可能かもしれないが、言葉本来の意味では、自然それ自体には権利はない。権利はそれを尊重されることによって尊重された存在が確かに受益されることを実感できるような場合にのみ帰属する性質である。

自然を尊重し自然を保護すれば自然は益されるのではないかと思うが、それはあくまでその自然環境の中に生きる感覚的存在にとってのことである。無機物は生命がなく、生物であっても感覚がなければ、環境保護の益をそれとして受け取れない。岩が砕かれることは岩にとってよくも悪くもないが、動物を殺すことは悪い。それは動物が感覚的存在だからである。もちろん、だからといって野放図に自然環境を破壊するのはよくないが、それは自然物それ自体にとってよくないのではなくて、自然物の破壊によって人間や動物が悪影響を受けるからである。

　ではそれを破壊しても人間や動物の生活に悪影響を及ぼさない景観を破壊するのはいいのかといえば、確かにそういう景観それ自体にとってはよくも悪くもない。例えば「奇岩」と呼ばれるような珍しい形をした岩を崩しても、その岩にとっては何事でもない。しかし明らかにこうしたことは悪いと我々は思う。それは我々人間が珍しい形の岩に希少な価値を見いだしているからである。それだから、珍しい岩を破壊するのが悪いのは、直接的に岩そのものの権利を奪うから悪いのではなく、美的にせよ観光資源としての商業目的にせよ、奇岩に独自の価値を見いだしている人間の利害を間接的に損なうから悪いのである。

　これに対してトロフィー・ハンティングで殺されるライオンの場合は、それによって悪徳が育まれたり、ライオンの生息域に悪影響を及ぼしたりといった間接的な理由の前に、ライオン自身の生きる権利を奪うという直接的な理由でよくないのである。これは奇岩と違ってライオンは権利主体だからである。岩には権利はないがライオンには権利がある。

　こうした権利の本質から、キャリコットのような全体論は不適切だということが分かる。一見すると環境世界それ自体が価値を持っているかにみえるかもしれない。しかしそれは環境世界が真実の権利主体である感覚的存在が生存する前提条件だからである。自然破壊は確かに重大な権利侵害のように思われるが、それは自然破壊によって間接的に人間や動物といった権利主体に悪影響を及ぼすからよくないのである。

こうした権利の本質から、権利の根拠である内在的価値は個々の人間や動物に帰属するものと捉えるほうが適切である。その意味で、キャリコットが道徳的価値を個体に内在するという伝統的思考それ自体を批判したのは勇み足だった。批判すべきはやはり権利をただ人間のみに限定した論点ということになる。

間引きと個体数調整の問題

しかしこうして全体論を退け、価値の個体主義という伝統を維持することは、全体論を志向するレオポルドやキャリコットのような論者が積極的に是とする動物対策に何らかの対案を出す必要があることも意味する。それは野生動物を間引くことによる個体数調整をどう考えるかということである。

レオポルドはもともとは森林官であり、個体数調整のためのハンティングに大きな道徳的価値を見いだしていた。よきハンターであることは自然を理解する最良の方法の一つであるというような、動物権利論と真っ向から対立する価値観を持っていた。キャリコットも全体論者として、個々の生物それ自体に価値を帰属させることはせず、環境全体の調和を価値判断の基準としていた。

こうした全体論からは、環境保全のための野生動物の殺害は、むしろ積極的に推進すべき善ということになる。しかしあくまで個体に価値を帰属させる動物権利論と、動物権利論を継承する動物倫理学からすれば、動物の殺害は基本的に悪になる。これをどう考えるべきなのか。

ここでもあくまで先に野生動物の狩猟で述べた原則が適用されるべきだということである。動物を殺すことは原則的な悪なので、まずはこれをしないで済むかどうかを模索すべきである。野生動物は人はじめから間引くことを前提とした自然管理それ自体が見直されるべきである。野生動物は人間に干渉されることそれ自体によって危害を受けるので、基本的に極力干渉せず放っておくべきということになる。実際、間引きが必要になるのは人間が下手に介入してその土地の生態系のもともとのバランスを崩してしまったことが大半である。ならばそうした介入以前の状態に現状復帰させることをまずは考えるべきだろう。そうすると介入による経済的利益が損なわれるかもしれないが、人間の儲けよりも動物の命のほうが大切である。

ただし、動物の命が大切であるという価値観からは、次のようなケースが考えられる。人間の介入によって生態系がおかしくなってしまったために、特定の動物個体数が増えすぎてしまい、このままではその動物の大量餓死は必至というような場面である。

このような場合では功利主義はもちろん、動物権利論の立場でも限定的な間引きが許容されるかもしれない。間引きが効果を発揮すると分かっているケースで、しかし動物の個体的な権利に固執してあくまで殺害を行なわなかった結果、動物の大量死をもたらすような場面では、義務論であっても限定的な個体の権利侵害を許容せざるをえない可能性がある。何よりも優先されるべきは動物の命で、動物の命を重視するがゆえに権利論を採用しながら、原則に固執して動物の命を失わせてしまったら、本末転倒ということになろう。

これが人間ならば話が少し違ってくる。人間の場合はたとえ自らの命を失うとも原則に殉ず、るという話もありうる。しかし動物はそのような意志を持ちえないし、擬人化して人間の原則を機械的に適用すべきではない。我々が動物の権利を重視するのはあくまで生きたいという動物の意志を代弁するためで、それぞれの個体で同じように重要な動物の意志が適う場面が少数であるよりも多数であることが望ましい。この意味で、それをしないことによる大量死が予測されるような緊急避難的な極限状況では、義務論の原則を幾分柔軟化して、帰結主義的な思考を加味する必要があろうかと思う。

しかしこのような場面はあまりないのであり、また野生動物管理の原則として、このような状況を極力作りださないことこそが重要である。増えたら減らせばいいというような安易な思考で動物を管理するべきではない。野生動物管理は何よりも殺さないことを第一に考えて行なわれるべきである。

自然の身になって考える

このように、権利は個々の動物に内在するものであり、生態系そのものを価値判断の基準にする全体論は不適切だと考えられるが、とはいえこうした全体論的な環境思想は環境保護運動、とりわけ、俗に「過激」と蔑称されるようなラディカルな環境保護運動に大きな影響を与え続けている。

この場合、実際にこうした環境保護運動に強い影響を与え続けているのは、レオポルドやキャリコットの土地倫理以上に、ディープ・エコロジーだと思われる。

内在的価値がある配慮の対象を動物以上に広げようとする倫理思想は、他にもアメリカの哲学者であるポール・W・テイラー（一九二三～二〇一五）の生命中心主義などがあるが、哲学思想の枠を超えて広く環境保護運動の原理として受け止められているのは、何といってもディープ・エコロジーを第一とする。これはディープ・エコロジーが何よりも実践に直ちに役立つような思潮であることを自らのアイデンティティとしていることが大きい。

ディープ・エコロジーの創始者であるノルウェーの哲学者アルネ・ネス（一九一二～二〇〇九）は、ディープ・エコロジーの目的はネス自身の哲学を受容させることではなくて、各人が自らの信条と矛盾しない形で共通のプラットフォームを受け入れて、自らの環境哲学を構築し、自らの哲学に従って環境を守ってもらうことだとしている。

このため、ディープ・エコロジーにおいては何よりもそのプラットフォームが重要になる。

ディープ・エコロジーのプラットフォーム＝基本原則は八つにまとめられる。第一原則は、生命圏全体が内在的価値を持つということである。第二原則は、生物多様性は内在的価値を持つということである。第三原則は、人間には第一原則と第二原則でいわれる内在的価値を損なう権利がないということである。第四原則は、人口の大幅な減少を求めることである。第五原則は、現在人間が自然へ過剰な介入をしていることを認めることである。第六原則は、経済成長至上主義とは異なる形の政策決定を求めることである。第七原則は、物質的豊富を豊かさの指標にすることを止めることである。第八原則は、以上の七原則の支持者は努力義務を負うということである。

こうしたプラットフォームに示されているのは、旧来のエコロジーが物質的豊かさを今後も維持するために文明それ自体を否定しない非本質的なエコロジーであるということである。このようなエコロジーはシャロー（浅い）・エコロジーであり、エコロジーの真正な深みに達していないとされる。

これに対して本当のエコロジーであるディープ（深い）・エコロジーは、経済発展を放棄し、自然への介入を極力減らし、人口の大幅な減少を求める。これは文明そのものの否定か、これまでの文明と全く異なる新たな文明を求めるものである。

この点はキャリコットも同様で、全体論的な環境哲学の多くは、文明以前への回帰を志向する。一億人以下というのが、これらの思潮にとって理想人口である。しかし紀元元年でも三億人前後の人口があったとされるから、一億人以下というのはまさに文明以前の世界である。このような提言はそれ自体としてはあまりにも絵空事だが、それほどまでのラディカル（根源的）な思考の転換が求められているのが、環境危機の現代だという時代認識だろう。

こうしたラディカルな環境思想であるディープ・エコロジーだが、この思潮に特徴的なのは、ラディカルな世界観の転換を個々人に求めていくことである。このため、ディープ・エコロジーを支持する人々の間で、「ワークショップ」が行なわれることがある。

これは少人数グループによるセッションで、各人が意識の中で山や岩のような自然物と一体になってみるという意識変革の試みである。このような意識の転換によって、通常の意識では客体として働きかけられる動植物や自然物が、逆に人間に働きかける主体として実感されることになる。人間が自然に為していることが自らの身に受け止められる。それはまさに「痛み」である。人間が自然を痛めつけていることを我が身で受け止めることによって、それがどれほど酷（ひど）いことなのかを心に刻み込むのである。

このような意識変革を経れば、自然保護がどれだけ急務であるかが得心される他はない。勢い環境保護にかける熱情は高まり、運動へのコミットメントは時として「過激な」ものとなってゆくだろう。

　過激な環境保護運動団体として日本ではシーシェパードが有名だが、彼らの中には代表者も含めてディープ・エコロジーの支持者が多いといわれるのは、もっともなことである。彼らからすれば、人間に銛（もり）を打たれる鯨の痛みは、自らのものなのである。

　もちろん、だからディープ・エコロジーが駄目というのではなく、むしろこれは積極的に評価するべき側面だろう。当然暴力的な反対運動はよくないが、現在の環境が真摯な保護活動を多くの人々に要請せざるをえないような危機にあることは疑いえない事実である。

　確かに肉食を抑制したり、環境に配慮したりする製品を心掛けて購入するというような日常生活の中で誰でも行なうことができる小さな善行の積み重ねこそが大切であり、こうした個人的実践が動物や環境を守る運動の中心内容となるべきなのは間違いない。とはいえ、現代の環境危機は、このようなささやかな実践とともに、時として一身を擲ってまでするような大胆な環境問題への献身を要請してもいるだろう。その意味で、環境保護への渾身（こんしん）のコミットメントを生みだす力を持つ思潮であるディープ・エコロジーに対しては、これに反対する立場であっても学ぶべきものは学ぶという態度で接するべきである。

　とはいえ、文明それ自体を否定するようなディープ・エコロジーには、やはり基本的に賛同することはできない。それ以前に、ディープ・エコロジーには土地倫理に共通する根本的な理論的問題点がある。それは何か。

ディープ・エコロジーの限界とその先へ

ディープ・エコロジーの基本原理を成すプラットフォームは、演繹的な構造をしている。最初の命題が正しいのならば、論理必然的に以下の命題も正しいという形になっているわけだ。生命系全体が内在的価値を持つから、生物多様性も内在的価値を持つということになる。

生物多様性の尊重それ自体はすでに一般常識と化しているが、ではなぜ生物多様性が重要なのかという理由は、それほど自明ではない。広く受け入れられて説得力があるのは、生物多様性を尊重して不注意な開発を行なわないことにより、新たな経済的資源が得られるというものだ。例えばアマゾンの原生林の開発を抑制することにより、まだ知られていない重要な科学的発見につながるかもしれないという話である。地元部族のメディスン・マン（呪医）に伝わる生薬が、難病治療の特効薬開発につながったりする可能性がある。開発を抑制して、手付かずの自然をなるべく多く残すことは、短期的には不利益でも長期的には大きな利益を生む。そのために生物多様性を尊重すべきだという話である。

しかしディープ・エコロジーはこのような世間一般に受け入れやすい話をしているのではもちろんない。すでに第六原則で経済成長至上主義が否定されているように、経済的利害は生物多様性を維持する本質的な理由にならない。ただ生物多様性がそれ自体で重要だから守るべきだという議論である。

ではなぜ生物多様性が重要なのだろうか。ディープ・エコロジーの場合は生命圏全体、これは土地倫理でいう広い意味のランドに相当すると思われるが、それ自体が重要だからという理由になる。土地倫理ではもう少し踏み込んで、多様性の尊重がその環境の維持に役立つからであり、環境が調和していることが善それ自体の基準だからということになろう。

いずれにせよ、自然環境それ自体に内在的価値があるというのが、ディープ・エコロジー及び全体論的な環境思想の前提ということになるだろう。

これまでみてきたように、動物倫理学では基本的に動物にのみ内在的価値を認めてきた。植物も含めた生命全体でもなければ、無機物も含めた環境全体でもなかった。動物倫理学が動物に内在的価値を認めたのは、哲学の伝統が人間にのみ内在的価値を認めてきたのは種差別主義だと批判したためである。人間が尊いのは人間だからというトートロジカルな差別の論理に基づかないで人間の尊厳を根拠付けるには、人間の精神的機能を基準にする必要があるからで、ある種の動物も人間同様の機能を共有しているからである。このため、そもそも精神的機能がない植物には内在的価値はないし、精神それ自体がない無機的自然にはなおさらそれ自体の価値を認めないわけである。

内在的価値が認められた存在は、功利主義ではそれが受ける苦痛に対する平等な配慮が求められ、義務論ではさらにその存在を目的存在として尊ぶことも要求されたのである。

このように、動物倫理学の立場からは、内在的価値はその価値が保護されることに益を受けることを実感できるような存在に帰属する価値だと考えられている。

このような意味での内在的価値は、原理的に生命全体や自然全体が有しないものである。仮にこれを認めるとしたら、ここからどういう実践的帰結が導かれるのであろうか。

当然その価値は蹂躙(じゅうりん)されてはならず、極力尊重されなければいけないということになる。このため、ディープ・エコロジーのプラットフォームでも、人間はこうした内在的価値を損ねる権利はないし、現在の人間は自然に過剰に介入しているから、これを改めるべきだということになっている。

我々がこれを一般的なスローガンの次元で受け止めれば、それほど問題なく首肯できるはずだ。何となればこれは、自然は大切なので、できる限りこれを守りましょうという常識をいっているに過ぎないからだ。

しかしここで主張されているのは哲学原理であり、人口の大幅な減少を求める原則が併記されているように、文字通り人間の自然への介入を廃し、人間の干渉しない自然が広がることを善とする自然観である。そして人間自身に対しても、自然に干渉しないもしくはできる限り干渉しない人間社会のあり方が善だといっている。

だがこれはまさにその人間社会の本質からして、無理もしくはもはや無理になってしまった要求だといわざるをえない。人間の社会はその存立基盤を絶えざる自然の加工に負っているからである。

人間は常に自然に働きかけてこれを加工し、自らの生活の糧とする形でしか存続しえない。すでに農業それ自体が、自然への組織的な介入である。

農業は一見した印象とは裏腹に、反自然そのものである。一定の範囲に同じ作物が密集して生成しているという図は、自然ではありえない。本来の自然は文字通り自然（じねん）であり、何も手を加えられず生い茂っている状態である。これを否定し開墾して等間隔に作物を植えるのが通常の農法である。これはまさに自然の否定であり、反自然なのである。

こうした農業に立脚した人間の文化はだからまさに反自然であり、自然への大規模な介入こそが人間社会の基本前提なのである。

あるいはだからこそ、ディープ・エコロジーや土地倫理は一億人以下の地球人口という絵空事を求めるのかもしれない。これはまさに農耕以前の狩猟採集生活の世界である。文明を一切否定し、狩猟採集のみで生きれば、確かにそれでも厳密には自然に介入はしているものの、狩る動物や採る植物が極少量なら絶えざる自然の再生産によって実質的には介入していないに等しくなろう。しかしこんな未来像はもう不可能である。アルネ・ネスは電気も水道もない人里離れた小屋での暮らしを好んだが、このような文明拒否を普遍的な規範とすることはできない。

どのような環境思想であっても、それがアクチュアルに機能する規範であろうとするならば、文明の否定ではなく、持続可能な文明の提起でなければならない。全体論的な環境思想は、特に環境保護の実践と強く結び付いたディープ・エコロジーにおいて興味深い展開をみせたが、これらの倫理思想が理想とする文明以前への自然回帰は、現実の人間社会の実情から乖離した空論である。

人間が絶えざる自然加工を行なっているという意味では、人間は生きていくためにはどうしても、ただ自然と平和裏に共生するというだけではなく、時として自然を破壊せざるをえない。そのようなリアリズムに立脚した形で我々は人間と自然とのあるべきあり方の理論を構築しないといけないだろう。

このような、これから必要とされる人間と自然観の一つのヒントになるのがカール・マルクスの思想だと思われる。そこで章を変えて、マルクスの自然観について、この本の主題である動物の問題とも関連させながら、そのエッセンスをみてみることにしたい。

第六章　マルクスの動物と環境観

商品化を批判する論理

動物倫理学の議論においてなぜマルクスを取り上げる必要があるかだが、まず何よりも動物の権利を守るということの制度的基盤が動物の売買を禁ずるということにあるからである。

我々の社会は資本主義であり、資本主義はそれが販売可能ならばあらゆるものを商品として売買しようとする。そのため動物もまたペットや畜産動物や実験動物として、広範囲に売買されている。これに対して動物倫理学は動物には権利があり、人間を奴隷として売買してはいけないように、動物も売買されてはならないと考える。これは商品化の否定に通じる考え方である。そして資本主義における人間の商品化を最も透徹した論理で批判したのがマルクスであり、ここに動物倫理学とマルクスを接合する論拠がある。

マルクスが人間の商品化を批判する論理は、それがVersachlichung（フェアザッハリフング）だからである。フェアザッハリフングは一般に「物象化」と訳されるが、不適切訳で、正しくは「物件化」と訳されるべき概念である。これがなぜ物件化なのかといえば、それはまさに先にカントの説明でみたように、目的的な人格が売買される物のようになってしまうからである。そのためマルクスもまたカント同様にこの概念をPerson（人格）と対で使い、目的的な人格が手段的な物件に転化する過程が固定する資本主義では、今度は逆に手段的な物件が目的的な人格としても現れるという転倒が生じると批判した。

マルクスが批判したのはあくまで人間が商品化される悪で、動物は議論の枠外にあった。しかしここでも事情はカントと同様だろう。カント自身は種差別主義者であったが、カントの倫理学こそ動物権利論に適切な方法論を与えるものであった。マルクスも動物にまで自らの理論の射程を広げる視座は持ちえず、カント同様の旧弊を免れてはいないが、商品化そのものの否定という深部で行なわれる資本主義批判は、動物解放に適切な筋道を指し示す。それは人間が物件化されることがないような社会になってこそ、動物もまた無造作に売り飛ばされ、無慈悲に酷使されることがなくなるだろうという展望である。

このように動物解放を資本主義批判に結び付けて、マルクスを換骨奪胎しつつ援用するという動物論は、今日「批判的動物研究」という形で興隆しつつある（Sanbonmatsu 2011、ナイバート・二〇一六年、ソレンソン・二〇一七年）。社会制度のあり方を捨象して形式的に動物の道徳的地位を議論するのみでは、真に実践的な動物解放論とはなりえない。

これまで、そして今でも資本主義を批判し、社会主義を志向するような研究者や活動家は、同じように抑圧された者でありながら、もっぱら人間の被抑圧者にのみ目を向け、同じように資本の論理によって抑圧されている動物たちに着目することが乏しい。しかし動物もまた同じように資本に痛めつけられる弱者であり、人間と等しく抑圧からの解放を目指すべきである。

その意味でも、マルクスと動物倫理を接合することには、重要な理論的意義があるといえよう。

自然的存在としての人間

マルクスの理論は動物論のみならず、環境一般の議論にも重要な示唆を与える。これは彼がルートヴィッヒ＝アンドレアス・フォイエルバッハ（一八〇四～一八七二）を継承する形で、自然的存在としての人間という観点を打ちだしたからである。

マルクスのいう自然的存在としての人間観は、彼の menschliche Natur（メンシュリヘ・ナトゥーア）という概念に集約されている。メンシュというのは人間であり、ナトゥーアというのは英語のネイチャーである。ネイチャーには自然という意味の他に本性という意味もある。それでマルクスは menschliches Wesen は menschliche Natur だといっている。Wesen（ヴェーゼン）というのは本質という意味であり、人間の本質は自然だということである。

これは人間もまたその根本は肉体的身体であることで、物質的自然としての本質を環境世界と共有しているということである。人間は肉体として自然であるのに対して、外的自然はいわば人間の非有機的な身体である。人間は生物としての有機的身体であるが、対して人間の外にある自然は生物のような有機的身体ではないが、なお生物を包み込む大きな身体だという意味である。つまり人間は自然という大きな身体の中に組み込まれた小さな自然であり、その意味では自然は人間にとって母体に等しい根源的な存在である。

この極めてエコロジカルな人間＝自然観は、直接的にはヘーゲルを、間接的にはヘーゲルに連なる哲学の伝統的な人間と自然観を批判する文脈で打ちだされたものである。

ヘーゲルはその若き日にあっては生き生きとした自然観を抱いていたとされるが、その成熟した哲学体系においては自然は精神が本来性を失った生命なき機械的因果関係の世界である。自然世界では物事は機械的な因果関係に基づいて運動する。特定の原因からは特定の結果のみが生じる。しかしヘーゲルは精神はそのような死んだ法則世界に属するものではないと考えた。決まりきった運動法則を乗り越え、新たな創造を行なうのが精神である。そのような精神は自然世界の中には生命という形で含まれている。躍動する生命はヘーゲルにあっては自然の中にあって自然を超える精神である。従って精神はその本質が単なる自然ではないことにあり、自然を超え出ているのが精神の精神たるゆえんである。そのため、人間の本質はマルクスのように自然ではありえない。人間の本質は精神であり、精神であることが人間の尊厳の根拠である。

こうして精神を自然と原理的に区別してきっぱりと対決させ、人間は自然を超えた精神的本質だとするヘーゲルの人間と自然観をマルクスは批判している。ではどちらが西洋の精神史において主流であったかといえば、もちろん、ヘーゲルである。西洋の伝統はむしろ人間が自然的存在ではないことに、人間の尊厳を見いだしてきた。マルクスはこうした伝統とはっきりと断絶して、フォイエルバッハに倣って人間が本源的に自然的存在であるという唯物論的自然観を打ちだしているのである。

唯物論とは、世界というものが精神的な原理と物質的な原理の二側面より構成されると想定した上で、物質的な原理が基本であると考える哲学説である。これを人間に当てはめると、人間は肉体的な身体と精神的な霊魂より成ると考えて、物質的身体であることが人間の本質であると考えるのが唯物論的な見方である。これに対して霊魂的な精神こそが人間の本質だとするのが観念論的な人間観ということになる。先にみたデカルトの人間機械論は、それ自体としては唯物論的な考え方であるが、デカルト自身は人間には霊魂が宿っているという観念論的な見方を採用していた。こうして唯物論と観念論は、哲学史の中で連綿と続く思考の対立軸であり、どちらを採用するかでその哲学の基本性格が規定される。

そしてこうした唯物論的自然観を採用することによって、マルクスにとって自然は人間がそれを超え出るものではなくなる。人間は外的自然と同じ自然存在として、外的自然をいかに人間化するかが人間的生の基本方針となるのである。これは人間がいかに一つの自然的な力として外的自然に働きかけてこれを人間にふさわしいものに加工していくかという問題である。人間は絶えず自然に働きかけてこれを加工し続けることなしには、自らの生を持続させることのできない存在である。自然を加工するということは自然を変容させることであり、人間が生活するところ、自然が手付かずのままであることが許されないのである。その意味で、人間はその本性上、自然破壊者としての側面を有せざるをえないのである。

これがディープ・エコロジー及び文明否定を志向する全体論的な環境思想に欠けていた視座である。この欠如した重要論点こそがマルクスの前提になっている。この意味で、マルクスの環境観はその思想的本質において、人間の実態に即したリアルなものになっているといえる。

労働による代謝と循環

自然存在としての人間は絶えず外的自然に働きかけてこれを加工し、外的自然を人間にふさわしい内的自然に変容させていく。人間が自然に働きかけてこれを加工し、自らのものとするということは、人間が自然の富を取得（Aneignung＝獲得）するということである。この人間（内的自然）による（外的）自然の取得（『経済学批判要綱』）というのが、マルクスによる最も根源的な生産の定義である。（人間的）自然が（外的）自然に働きかけてこれを我が物とするのが、マルクスからみた生産活動である。

生産というのは結果からみた労働であり、労働は過程からみた生産である。人間が自然に働きかけてこれを取得する過程は、繰り返し続ける再生産過程であり、作動し続ける労働過程である。こうした労働過程が、全経済活動の出発点であり、常にある中心点である。この労働過程を分析したのが、『資本論』で論じられている労働過程論である。

労働過程論では、一人の人間が大自然に立ち向かうという構図が描かれている。しかしこれは現実にはない虚構である。実際の労働は常に他者の共存に媒介された協働(Zusammenwirkung =相互作用)という形を取る。そしてその協働のあり方は、各時代や地域によって影響を受け、人々がどのような生産様式の中にあるかに決定的に左右される。

しかしマルクスは労働過程論で、それら現実には多様などのような労働にも共通する要素を導きだそうとして、あえて時代背景を無視した抽象をモデル化したのである。労働過程は人間生活のあらゆる社会形式に共通なものであるがために、「我々はだから、労働者を他の労働者との関係の中で表現する必要はなかったのである。一方の側にある人間と彼の労働、他方の側にある自然とその素材、これで十分だった」(『資本論』。田上、二〇一五年。第一章「マルクス理論の基本構造」参照)。

このような極限的な抽象によって、人間と大自然との間で絶えず行なわれている「物質代謝」を媒介し、調整する過程としての労働の本質がみえてくる。これはよく誤解されるように、労働が物質代謝なのではない。物質代謝それ自体は、労働以前にも労働以外にも絶えず行なわれ続けているからである。呼吸をすること自体が、すでに一つの物質代謝である。労働による物質代謝論は新陳代謝のメカニズムを経済現象の説明に転用したものだが、まさに新陳代謝が個々の肉体の生存条件であるように、自然存在である人間は絶えず外的自然と物質を交換し続けないでは生きられない存在なのである。このような物質代謝を調整する過程が労働なのだから、労働は人間にとって本質的な活動である。若き日のマルクスは『経済学・哲学草稿』で労働は人間の本質の対象化だとしたが、このような基本認識は『資本論』にまで一貫したものである。

こうした根源的な物質代謝過程は、外的自然の内部では同時に物質循環過程でもある。逆にいえば、大自然の中を物質が絶えず循環し続けるからこそ、人間と自然との代謝も可能になるのであり、人間と自然との代謝はまた同時に人間と自然との物質循環過程でもあるということである。

こうして労働過程論に前提とされる自然観は、人間は大自然の巨大な物質循環過程の只中(ただなか)にあり、自らの身体的自然を外的自然と循環代謝させながら、労働によって自然世界を加工し続ける存在だということになる。

人間はその生産力が低い段階にあっては、自然世界全体を攪乱(かくらん)する力は持ちえなかったが、文明の進展による巨大化した生産力は、自然全体の物質循環活動をも攪乱できるまでになった。こうした人間と自然の物質代謝過程の攪乱が、マルクス的視点からする環境問題ということになる。

物質代謝の攪乱は、かつては主に局所的な公害として問題化していたが、今や地球大気全体の温暖化までも引き起こすまでになった。こうして今や、生産力は「破壊力」（『ドイツ・イデオロギー』）にまで転化してしまったのである。

人間は物質が循環する真っ只中にいて、この物質循環の世界を決して超出することはできない。そして人間自身も絶えず外的自然との物質代謝を行なっている。この代謝過程を調整する労働は、現実の社会では一定の生産様式で行なわれる生産活動となる。現在の巨大化した生産活動により、労働の生産力は労働の破壊力へと転じてしまっている。

このようなマルクスの環境観からは、当然次のような規範的提言が導きだされる。つまり労働は決して物質循環を攪乱させるようなものであってはならず、労働の生産力は持続可能な自然加工の枠内にあるべきであって、持続可能性を失わせるまでになってしまうのは、必要の限度を超えた過度の自然加工である。このような過度の自然加工は、もはや破壊力である。だからすでに破壊力に転じてしまった生産力は、再び本来の、持続不可能なまでに自然破壊をしない生産力に戻さなければならないと。

マルクス自身のビジョンは明確である。生産力が破壊力に転じてしまったのは、無目的に利潤を追求し、何かのためにではなくてそれ自身のために資本を蓄積し続ける資本主義のせいである。資本主義は利潤が第一であって環境保護は二義的である。環境を守るという動機は資本主義という体制それ自身の中には存在しない。資本の論理の貫徹が環境破壊をもたらしたのであり、資本主義が存続する限り環境問題の抜本的な解決は不可能である。だからこそ資本主義は別の生産様式に取って代わらなければならないのである。

我々はこのマルクスのビジョンを、長期的な基本視座としては引き受けるにやぶさかではないが、数々の歴史的危機に耐えて今や強固な経済秩序として確立してしまっている資本主義が容易に打倒されることはないというリアリズムも失ってはいけないだろうと思う。一方で体制変革を視野に収めず、ただ個人的実践のみを訴えるのは視野狭窄（きょうさく）であるが、他方で個人的実践を無視し、いたずらに社会変革を説くのみの大言壮語では、現状を少しでもいい方向へ変えてゆくことはできない。

本書の主要課題でもある動物においても、資本主義的な営利目的の売買が禁じられれば決定的に多くの動物が救われることは間違いないが、これは何も資本主義それ自体をなくすまでもなく、資本主義の枠内で十分に達成可能な目標である。これはいわば、資本主義の内部にありながら、資本を超える論理を浸透させていく運動の一環といえる。

マルクスによれば資本主義を超える社会の基本原理は人と人とが水平につながりゆく、垂直的な支配被支配関係のないアソシエーションである。マルクスその人はアソシエーションの中に動物を含めて考えることはできなかったが、人間同士にあって真実にアソシエーティヴな関係を築けたような個々人の意識に、動物が奴隷の位置にあってはならない。社会主義による人間の解放は人間からの動物の解放と手を携えなければならない。これはマルクスを踏まえつつ、マルクスを超える試みである。

　この試みにおいては体制変革の実践以前に、動物に対する意識変革が要請される。資本主義を超えたアソシエーションに虐待される動物がいてはいけない。しかし仮に個々人が動物に対する適切な問題意識を持たなければ、人間は解放されたが動物は抑圧されたままという、歪な「理想社会」がもたらされてしまう。このような「非人間的」な「社会主義」は、資本主義に対する真実のオルタナティヴにならない。

　動物は倫理の問題として重要なだけではない。社会を改良しさらには変革してゆくという、一層大きな文脈においても決定的に重要な論点の一つだと、よりよい社会を希求する全ての人々に動物問題が意識される必要がある。

生産力の制御による持続可能性の実現

　マルクスは資本主義的な生産力のあり方が破壊力に転化してしまうことを告発し、資本主義を乗り越えるべきだと説いたが、その変革の根拠は生産力の発展が既存の経済体制の桎梏になるという理論だった。とすると、社会の発展とはさらなる生産力の発展であり、資本主義の次にくる理想社会では、資本主義的な制限を超えて生産力を無制限に増大させることが可能になり、人類はその科学文明を輝かしいものとすることができるという話になる。

実際旧ソ連ではこの手のＳＦが愛好された。それは小説のジャンルとして隆盛しただけではなく、ソ連共産党自身が共産主義とは無限の科学進歩の世界であると宣伝していたのである。

しかしこのような無限の物質進歩を謳う思想に欠けているのは、地球の有限性への意識である。そしてやはりソ連のイデオローグにはこの意識は欠けていたのである。一九七〇年代初頭にローマ・クラブ・レポート『成長の限界』が発表された際には、ソ連の官許著作ではこのレポートをブルジョアジーの断末魔の足掻きのように一蹴したのである。

しかしローマ・クラブ・レポートは単なるブルジョア・イデオロギーではなく、ブルジョアジーですら自らの支配の存続のために取り組むのを余儀なくされるほどに環境問題が深刻化していることの一つの反応として捉えなければならなかったのであり、実態はともかくとして、資本主義を超えた社会を実現したと自称していた政治権力ならば、ブルジョアによるよりも一層本格的な環境保全への対案を打ちだすべきだったのである。

そのようなことができなかったのは、ソ連が自称と異なり決して資本主義を超えた社会主義ではなかったことの一つの現れであるが、問題はマルクスの思想自体がソ連的ＳＦ物語を根拠付けるようなものであったのかということである。

確かにマルクスの思想にはそのように読解される余地がある。マルクスもまた無限の人類進歩を信じていたように読むのも、曲解とまではいえない。しかしもしこれが唯一の正解ならば、マルクスの思想は地球の有限性を前提にして環境理論が構想されるべき現代において、決定的に旧態依然で使い物にならず、折角の物質代謝への洞察も、絵に描いた餅となろう。

ここで重要なのは、マルクス自身が明言しなかったが、マルクスの理論展開からはそう考えざるをえないような、マルクスの歴史観の深層を抉りだすことである。それはマルクスのテキストからそのものずばりの表現を見いだすことはできず、その意味ではマルクス自身には十分に自覚されていなかったのかもしれないが、我々のような後世の解釈者からすれば、それこそがマルクスの豊かな理論的鉱脈として掘り起こせるようなマルクスの理論的可能性である。

なるほどマルクスは一方で、生産力は人々の意識から独立してそれ自体として展開していくといっている。だが他方でマルクスは、人類の歴史を、「前史」とその後ではっきりと区別している。

人類の歴史は階級闘争の歴史だというのは人口に膾炙したマルクスの言であるが、諸階級が敵対的に対峙するのは、それこそ資本主義での労働者と資本家のように、人類社会の前史の話である。その後の社会では資本家は存在しないのだから、階級を軸に闘争など起きようもないのである。

マルクスは前史に続く社会の名称を与えなかったが、いうとすればどういう言葉になるかは明らかである。前史は Vorgeschichte（フォアゲシヒテ）で、vor は前を意味し、対義語は nach である。従ってその後の社会は Nachgeschichte（ナーハゲシヒテ）ということになる。

Vorgeschichte には前史の他に「先史」という意味がある。まだ歴史が始まっていない歴史以前ということである。つまり人々が階級闘争に明け暮れるような歴史はまだ本当の歴史とはいえず、人類にふさわしい本来の歴史以前だと考えていたということである。従って Nachgeschichte は直訳としては後史になるが、意味的には本来の歴史ということで「本史」がふさわしい。

前史の後が本来の歴史であるということは、それまでの歴史とは人間社会の基本原理が根本的に変化するということである。

前史は階級闘争の歴史であり、資本主義にあっては支配する資本家と支配される労働者の垂直的な人間関係が社会の基調だった。もちろん資本主義にあっても支配被支配ではない人間関係は遍在している。それは親子、兄弟、夫婦、恋人、友人、同志などの愛を基調とした人間関係である。もちろんこうした愛を基調にした人間関係にあっても支配被支配関係は存在するが、しかしそうした支配被支配関係がこれらの人間関係の基調ではないだろう。愛に基づく人間関係は雇用関係とは異質である。こうした愛に基づく人間関係でありながら垂直的なヒエラルキー的秩序が基本になっていたら、それは歪められた関係であり、望ましいあり方ではないというのが、現代社会のコンセンサスだろう。

しかしこうした人間関係は基本的には社会の原理というよりも、社会の内部にある家族的な原理である。社会生活における基本的な人間関係は、愛を基本に結び付いているのではなくて、法律で根拠付けられた契約によっている。契約を基本とした市民社会での人間関係の原理は、愛を基調とした水平的な人間関係が原則となっているわけではない。

こうした前史における人間関係が、本史においては本質的に変化するのである。ヒエラルキー的な垂直的人間関係が、アソシエーティヴな水平的人間関係に転化する。そしてこうした共産主義的なアソシエーションは、マルクスによれば「ゲノッセンシャフト」でもある。

ゲノッセンシャフトとは、資本主義においては後景に退いて、家庭内の私的な原理として周縁化された愛による結び付きが、社会全体の原理として普遍化したあり方である。打算を超えた同志的な友愛が、社会全体の基本原理となっているのが、マルクスの展望するゲノッセンシャフトである。

このようなゲノッセンシャフトにあっては、諸個人は基本的な利害対立を乗り越えて、協同して社会的大義に立ち向かえる。こうした社会運営の実体的基礎となるのが、生産力の基本性格が根本的に変化していることである。

前史においては生産力は意識から独立して、それ自体で独自展開する。そのため人間は自らの生みだした生産力に翻弄され、社会全体を十分にコントロールできない。その弊害の代表が環境破壊である。ところが本史は転倒した前史の再転倒であり、人間本来の歴史の創出である。生産力はもはや諸個人にとって自立したものではなくなり、アソシエートした諸個人によって完全にコントロールされている。

ということは、もし物質的生産力の過度な増大が地球環境そのものを破壊する次元に達しているのならば、生産力を定常的なままに保ち、持続可能な産業のあり方を実現できるということになる。これは生産力をコントロールできない前史では不可能だが、生産力をコントロールできる本史では可能である。ということは、環境問題の真の解決は、ポスト資本主義の到来をもって初めて可能になるということになる。

以上が、マルクス自身は明言しなかったが、マルクス理論の自然な解釈の延長線上に導きだせるマルクス的な環境観である。もしこの環境観がマルクスの真意を酌んでいるとしたら、マルクスの経済成長観が、世間一般の表象とはまさに正反対のものということになる。マルクスの歴史観はソ連で愛好されたＳＦ物語さながらに、地球の有限性を無視した環境危機の現代にふさわしいものではないという先入観とはむしろ逆に、生産力の根本的な質的変化を展望したという意味で、まさに環境危機の現代にこそふさわしいものということになる。

マルクスの人間観にある落とし穴

このように、すでに過去の遺物だという一部では根強い風評とは裏腹に、マルクスには環境危機の現代においてこそ、むしろアクチュアルな輝きを放つ面があるのではないかと提起した。しかしマルクスは決して万能ではない。そこには数々の理論的限界がある。それらの限界を無視したり軽視したりすることは、むしろマルクスの現代的アクチュアリティを損なうことにもなる。可能性と同時にきちんと限界も見据えるのが、フェアであるとともに今後につながる解釈態度だろう。

本書の主題である動物の問題においてこそ、先にも示唆した通りに、マルクスの歴史的限界は際立っている。それはマルクスもまた、デカルトやカント同様に、西洋哲学の主流に共通する、人間中心主義的偏見を免れていないということである。

マルクスは先行する哲学者が一貫してそうであるように、人間の独自性を常に動物との対比において際立たせていた。若き日の『経済学・哲学草稿』においてマルクスは、労働を人間が自らの本質を前に押しだして（Produktion ＝生産は語源的には前に導くことを意味する）対象とする対象化（Vergegenständlichung ＝前に対象とするの意味）として位置付け、対象化活動としての労働を人間の本質的な活動だとしたが、このような対象化を人間は動物とは異なり、美の法則に則っても行なうとした。

動物の労働はただ直接的な生理的欲求の充足のためにのみ行なわれている。それは直接的であって媒介されていない。媒介されていないということは自覚的ではないということであり、自覚することなく行なうという意味で意識的ではないということである。これに対して人間は、直接的な生理的必要から離れて、美的な意識に則り、創造的な活動としても労働を行なうことができる。そしてこうした動物のできないあり方で労働ができることこそ、人間の人間たるゆえんだとした。人間は創造的な存在だが、動物は本能的でルーティーン的な劣った存在だということである。

マルクスは『資本論』にあってもこの若き日の基本認識を継承し、有名なミツバチの譬え話を行なった。すなわち、ミツバチが作る巣は、もし人間の大工がこれを作ろうとすれば顔色を失わせるほどに精巧にできているが、しかしそれは所詮無意識的、本能的作業である。人間はこれに対して、これから作ろうとする対象を事前に内的に意識し、目的意識的に労働をするという点で動物の及ばない偉大な業を成すことができるという話である。

こうした基本認識のため、マルクスはベンジャミン・フランクリンによる「道具を作る動物」という人間規定を肯定的に取り上げ、人間は道具を介した媒介的＝意識的作業ができるのに対して動物はできないという違いに、人間の偉大さを見いだしている。

確かにマルクスも、ある種の動物も何かを作る活動をすることを認めてはいる。しかし何かを作る道具を作り、道具を改良し続けて生産力を上げようとするのは人間のみである。それは人間のみが目的意識的な対象化活動を行なうからだというわけだ。

このようにマルクスの認識には彼の属していた哲学的伝統に忠実に、人間の独自な偉大さを人間より劣った動物との対比で際立たせるという、人間中心主義的な偏見が色濃く影を落としている。

現代の動物関連科学では、動物もはっきりと道具を使い、道具も作れば、使う道具を改良させることもあるという事例が報告されている。[*1] この意味で、フランクリン的な人間規定は旧聞に属するものになっているが、問題の本質はそこではない。概念規定の条件を高度にすれば、動物に対する人間の独自性はいかようにも謳うことができる。問題はこうした人間特殊論的思考それ自体にある。これまで述べたその弊害を、残念ながらマルクスも共有してしまっているということである。

人間が美的にも労働するとして、創造的な労働の意義を見いだしたのはマルクスの慧眼(けいがん)だったが、別に動物を低める必要はなかった。しかし強固に形成されたキリスト教に背景を持つ歴史的偏見に、キリスト教の辛辣な批判者であったはずのマルクスも自由ではなかったのである。

だがもちろん、これはマルクスの理論自体の致命的欠陥ではない。それはカントが種差別主義者であったから彼の理論が全て駄目であったということにはならず、それどころか、換骨奪胎されたカント倫理学が動物権利論の理論的基礎になったのと類似した事情である。

確かにマルクス自身の目には資本主義の克服によって解放される労働者や労働者の家族はあっても、動物の姿は映っていなかった。しかし動物の解放は何よりも彼らが売買される物件でなくなることにある。そして資本主義における人間の商品化と、商品化による人格の物件化を緻密に理論化しえた思想家こそ、他ならぬマルクスなのである。だから我々には、動物権利論者がカント本人を人間中心主義的偏見から救いだしたように、マルクスもまた、彼の思考に根強くはびこる人間の特殊視から救いだして、動物解放のための有力な理論的武器へと転じることが求められているのである。*2

おわりに

多くの読者もそうだと思うが、私もSNSをやっている。主要な目的は自著の宣伝と気晴らしである。これまで編著や共著を含めると三〇冊以上の本を出してきていて、出版される都度にSNSで宣伝を行なっていた。何よりも本が出たことが嬉しくて、人に知らせたい気持ちになるからというのが第一だが、最近では出版社や編集者がSNSで宣伝して欲しいといってくることも多い。こうした自著宣伝の他には読んだ本や受けた献本の短い紹介程度で、それ以外は基本的に身辺で起きた瑣末事を呟いたりしている。

どうしてこのようなSNSの使い方をしているかというと、こういうやり方が比較的差し障りがなく、見知らぬ人から絡まれることが少ないからである。世の中は広いので、自著宣伝であっても自慢していてケシカランと憤る人もあるらしいが、さすがにネットで自分の本の宣伝をするなと直接因縁を付けられたことはない。

これに対して、世相を批評したり、有名無名を問わず誰か特定の人を批判したりするような書き込みを続けていると、時として見咎められ、攻撃的なコメントが寄せられたり、場合によっては批判の嵐になって「ネット炎上」が起きたりしてしまうということがある。私も時たま上述の戒めを破って何か中身のある書き込みを行なって、炎上や炎上に近い状態を引き起こしてしまうことがある。その都度改めて禁欲的な方針を堅持すべきことを再確認するのである。

ところが世の中には私とは対照的に、あえて議論を巻き起こし、炎上上等という感じで論争するのが好きな人もいる。しかし私がＳＮＳに求めているのは気晴らしなので、自分の呟きが原因で炎上が起きてしまっては気分転換にならないのである。

このように、私は論争好きで炎上も辞さないような人々と異なり、あえて何かを批判したり、ましてや批判によって関係者の神経を逆なでしたりするのは好まない人間である。

だがこの本は、こうした私の個人的性癖に反して多くの批判を巻き起こし、読者によっては神経が大いに逆なでされてしまう可能性がある。というのは、この本が世間一般で流通している動物関連書籍とは全くもって毛色が異なり、たいていの動物本では問われることのない、人間の動物に対する振る舞いの是非を真正面から問うているからである。

この通常は問われることのない問いに答えようとした結果、人間のこれまでの動物に対する振る舞いは、一部の例外を除いて、全く許容できない不正なものといわざるをえないことが判明したのである。

本書ではあくまで人間一般、人類総体の動物への関係を問い、その不当性を指摘しているのであって、個々人を弾劾しているのではない。だがこの本の読者は間違いなく人類の一員であるため、私の意図にかかわらず、まるで自分が非難されているかのように感じてしまうかもしれない。確かに倫理や道徳の問題は個々人の日常的な振る舞いに関係するので、動物に対する個人的なアプローチは、大切な理論的課題となっている。

しかしこの本で詳しく説明した現代社会で動物が置かれた状況や、動物に対して倫理的にどう振る舞うべきかという議論は、初めて知ったという読者も多いのではないかと思う。そして我々が常日頃から親しんでいる習慣を容易に変えることができないことも、十分に弁えているつもりである。

本書では肉食をはじめとする動物利用を明確に批判しているが、その意図はあくまで倫理学の立場からする問題提起である。肉食をするもしないも個人の自由とした上で、しかし個々人が自発的に肉食を抑制するのが倫理的に適切だと主張するということだ。あなたが食べている肉を取り上げて罵声を浴びせかけるようなことは全く意図されていない。このことをどうか理解していただきたいと願ってやまない。

本書は動物倫理学の入門書であるが、動物倫理学は私がもともと研究していたテーマではない。もともと研究していたのはマルクスで、初期マルクスの疎外論というのが博士論文のテーマだった。そしてマルクスは、現在の私にとっても主要な研究対象の一つであり続けている。

本書の最終章は動物倫理学の中にマルクスを位置付けようという意図で書かれており、類例の少ないユニークなものだと思うが、このような章が書けたのも私がマルクスを研究しているからである。

ではマルクス研究者である私がなぜ動物倫理学の本を書くようになったのかといえば、それは私の専攻が倫理学だからだ。

本文でも触れたように、現在の倫理学研究では応用倫理学が重視されている。そのような中で環境論の講義を担当するようになり、応用倫理学の一つである環境倫理学を本格的に研究する内に、特に動物の問題に心が惹かれたという次第である。

こうしてすでに動物倫理の諸問題を取り上げた環境倫理学の教科書を二冊出版した（田上、二〇〇六年、二〇一七年）。本書はこれらの研究蓄積を踏まえた上で、動物倫理を中心にして環境倫理の諸問題も含める形でまとめたものであり、新書という形式では本邦初の動物倫理学入門になる。

本書はコロナ禍の中で一気に書き下ろしたものだが、本書を書き終えて痛感せざるをえなかったことがある。本文中にあまりにも多く「虐待」という言葉が頻出することである。これは全く予期しなかった結果であった。こういう内容の本だからこそ、むしろできる限り扇情的な口調にならないように抑制していたのだが、それでもこうなってしまったのである。どんなに抑制しようとも、この言葉でしか表現できないような振る舞いを、人類はこれまで動物に対して行ない続けてきたのである。動物倫理を問う際に、もうこの言葉を使う必要がなくなっている未来社会の到来を願っている。

本書執筆にあたっては、動物倫理の重要文献を数々翻訳されて孤軍奮闘の感がある井上太一氏と、我が国の動物実験反対運動を牽引（けんいん）する一人である東さちこ氏に早い段階の草稿に目を通していただき、貴重なアドバイスを受けることができた。ここに記して感謝したい。

本書が世に出るきっかけを作ってくれた藁谷浩一さんには、初めての新書執筆で慣れない私を力強く牽引していただいた。マルクスの章を入れるというのも藁谷さんのアイデアである。これまで私はマルクスと動物倫理をそれぞれ別に研究してきたのだが、今回この章を書くことで、これまで分からなかった両者の内在的な結びつきに気付くことができた。この点でも、藁谷さんには感謝している。

田上孝一

二〇二一年二月

註

【第一章】

＊1　この同一視自体は専門的にも不当なものではない。本書でも基本的に両語を同じ意味で用いる。

＊2　もっとも動物由来の感染症がパンデミックとなって人類を死滅の淵に追い込むという未来はありえない絵ではない。一部で有名なトリビアに、毎年人間を最も殺すのは何かという問いがある。もちろん、すぐに思いつく答えは他ならぬ人間で、確かに人間は同じ人間によって多く殺されるが、しかしこれは実は一位ではなく二位である。一位は蚊で、マラリアをはじめとする伝染病で最も多く死ぬというオチである。だがこれは動物が人間を支配するという話ではない。

【第二章】

＊1　スペンサーはかつて一世を風靡（ふうび）したが、その後急速に過去の思想家となった。それは彼の社会進化論がジョージ・エドワード・ムーア（一八七三～一九五八）をはじめとした多方面から批判され、社会進化論が優生学と結び付いてナチズムのような巨大な社会悪の思想的根拠の一つになってしまったことが大きい。ちなみに先のニコルソンも、幸福とは自由であり、自由は権利だという自説の典拠をスペンサーに求めている。ただし、こちらは論証のない厳密さに欠けた議論である。

＊2　Tom Regan は普通の英語読みでは「リーガン」だが、故 Regan 氏本人の自称に近い日本語表記は「レーガン」になる。

【第三章】

＊1　こうしたＣＡＦＯの実態については、（ダニエル・インホフ編、二〇一六年）で詳しく紹介されているので、興味ある読者は参照されたい。なお、（Edited by Daniel Imhoff 2010）は上記翻訳書の原典ではなく、別の本である。実はこのＣＡＦＯという本は、ＣＡＦＯ内部の生々しい写真をたくさん収録した大型本と、理論編にあたるリーダーとでワンセットになっている。翻訳はこのリーダーからのものであり、（Edited by Daniel Imhoff 2010）はその大型本である。

＊2　このことに関するソースは数多あるが、最近のものでは例えば「The Asahi Shimbun GLOBE +」の次の記事「ベジタリアンやヴィーガンメニューは当たり前　ベルリンのカフェが実践していること」（二〇二〇年二月二五日付）がある。https://globe.asahi.com/article/13137614（最終閲覧二〇二〇年八月七日）。同記事内には「２０１９年時点でドイツには約６１０万人のベジタリアンと約95万人のヴィーガンがいるという。これは人口に対して約８％に相当する」との情報が紹介されている。

＊3　化粧品や食品製造における動物実験の有無については、かつては各メーカーが秘匿することが多かったが、現在では反対運動の伸張により、情報公開を余儀なくされている。気になる読者は動物実験反対団体に問い合わせてみるのもいいだろう。そのような団体としては、例えばＰＥＡＣＥがある（https://animals-peace.net/）。

＊4　大型類人猿の権利運動について詳しくは（パオラ・カヴァリエリ／ピーター・シンガー編、二〇〇一年）を参照。大型類人猿への権利付与の実際としては、一九九九年のニュージーランドによるものが有名である。これは大型類人猿が当の類人猿の福利向上に資さない限りは実験などによって利用されない権利があると定めたものである。ただしこれはあくまで人間の温情による制限された権利付与であっ

て、人権同様の固有の価値としての権利を認めたものではない。そのような本来の動物権利の法制化は、まだなされていない。しかしそのような動きがあることは、世界各地から報告されている。

＊5　飼育環境による猫の平均寿命の違いについては、一般社団法人日本ペットフード協会による「令和元年　全国犬猫飼育実態調査」の「主要指標サマリー」がある（https://petfood.or.jp/data/chart2019/3.pdf）。これによると、猫の平均寿命は一五・〇三歳で、外に出ない猫は一五・九五歳、外に出る猫は一三・二〇歳となっている。これは野良猫ではなく、外に出しながら飼育する猫ということである。野良猫の平均寿命に関する正確なデータは存在しないようだが、よくいわれるのは、野良猫の場合は多くが子猫のうちに死んでしまい、成猫も飼い猫にはない常にエサを求めての飢餓状態にあり、病気になっても治療ができないという根本的に危機的な状況の中にあるということである。これに加えて、カラスの襲撃や人間による虐待、猫同士による縄張り争いや喧嘩（けんか）による怪我、道路への飛びだしや冬季のクルマのボンネット内での事故など、部屋飼いの猫にはない過酷な環境に晒されているため、一〇歳を超えることはほとんどありえず、長くても八歳程度までしか生き延びられないとされる。このため、野良猫の平均寿命は三年から四年前後だというのが通説である。つまり野良猫は平均すると部屋飼いの猫の五分の一程度しか生きられないということになる。

【第四章】

＊1　聖書からの引用は、『聖書　新共同訳』（共同訳聖書実行委員会、一九八七・一九八八年）による。以下同じ。

【第六章】

＊1　動物の道具使用といえば、チンパンジーが小枝を使い木の穴をほじってシロアリを取って食べる姿を眺めるのが動物園の目玉の一つになっているので、みたことがある読者も多いだろうと思う。こうした道具使用は多くの動物に普通にみられるものだが、動物の中には単に道具を使うだけではなく、道具を独自に加工して改良させて使う例もある。例えばカレドニアガラスは小枝の先を嘴で精巧に削って鉤針状にし、ただ小枝を木に差し込むよりもはるかに効率よく虫を取ることができる。

＊2　本章で展開されたマルクス論についてさらに詳しく知りたいという読者は、田上孝一『マルクス疎外論の視座』（二〇一五年）、同『マルクス哲学入門』（二〇一八年）を参照されたい。

参考文献

Bentham, Jeremy 2001 An Introduction to The Principles of Morals and Legislation, in: *Selected Writings on Utilitarianism*, Wordsworth Classics of World Literature.

Callicott, J. Baird 1989 *In Defense of the Land Ethic: Essays in Environmental Philosophy*, State University of New York Press.

Carruthers, Peter 1992 *The Animals Issue: Moral theory in practice*, Cambridge University Press.

Carl Cohen and Tom Regan 2001 *The Animal Rights Debate*, Rowman & Littlefield Publishers, INC.

Franklin, Julian H. 2005 *Animal Rights and Moral Philosophy*, New York: Columbia University Press.

Gompertz, Lewis 1992 *Moral Inquiries on the Situation of Man and of Brutes*, Fontwell Sussex: Centaur Press.

Hursthouse, Rosalind 2000 *Ethics, Humans and Other Animals: An Introduction with Readings*, London and New York: Routledge.

Hursthouse, Rosalind 2011 Virtue Ethics and the Treatment of Animals, in Edited by Tom L. Beauchamp and R. G. Frey, *The Oxford Handbook of Animal Ethics*, Oxford University Press.

Edited by Daniel Imhoff 2010 *CAFO (Concentrated Animal Feeding Operation): The Tragedy of Industrial Animal Factories*, San Rafael, California: Earth Aware.

Edited by Brian Kateman 2017 *The Reducetarian Solution*, New York: A TarcherPerigee Book.

Lappé, Frances Moore 1991 *Diet for a Small Planet: 20th Anniversary Edition*, New York: Ballantine

Books.

Leahy, Michael P. T. 1991, 1994 *Against Liberation: Putting Animals in Perspective*, London and New York: Routledge.

Marx, Karl 1982 *Ökonomisch-philosophische Manuskripte*, MEGAI-2, Berlin, Dietz Verlag.

Marx, Karl 1991 *Das Kapital, Bd.1*, MEGAII-10, Berlin, Dietz Verlag.

Marx, Karl / Engels, Friedrich 2017 *Die Deutsche Ideologie Manuskripte und Drucke*, MEGAI-5, Berlin / Boston, Walter de Gruyter GmbH.

Nicholson, Edward Byron 1879 *The Rights of an Animal: A New Essay in Ethics*, with a reprint of part of John Lawrence's chapters 'On the Rights of Beasts,' 'On the Philosophy of Sports,' and 'The Animal-Question.', London: C. Kegan Paul & Co.

Regan, Tom 1983, 1985, 2004 *The Case for Animal Rights*, University of California Press.

Regan, Tom 2003 *Animal Rights, Human Wrongs*, Rowman & Littlefield Publishers, Inc.

Regan, Tom 2004 *Empty Cages: Facing the Challenge of Animal Rights*, Rowman & Littlefield Publishers, Inc.

Rolston, III, Holmes 1988 *Environmental Ethics: Duties to and Values in The Natural World*, Philadelphia: Temple University Press.

Rothenberg, David 1993 *Is It Painful to Think?: Conversations with Arne Naess*, Minneapolis and London: University of Minnesota Press.

Salt, Henry S. 1886 *A Plea for Vegetarianism, and Other Essays*, Manchester: The Vegetarian Society.

Salt, Henry S. 1906 *The Logic of Vegetarianism: Essays and Dialogues*, Second Edition, Revised, London: George Bell and Sons.
Salt, Henry S. 1922 *Animals' Rights: Considered in Relation to Social Progress*: Revised Edition, London: G. Bell and Sons. LTD.
Edited by John Sanbonmatsu 2011 *Critical Theory and Animal Liberation*, Rowman & Littlefield Publishers, INC.
Scruton, Roger 1996, 1998, 2000 *Animal Rights and Wrongs*: Third Edition Published in association with DEMOS, London: Metro Books.
Singer, Peter 1975, 1990, 2002, 2009 *Animal Liberation: The Definitive Classic of the Animal Movement*: Updated Edition, New York: HarperCollins Publishers.
Singer, Peter 1980, 1993, 2011 *Practical Ethics*: Third Edition, Cambridge University Press.
Taylor, Paul W. 1986 *Respect for Nature: A Theory of Environmental Ethics*, Princeton University Press.
Varner, Gary E. 2012 *Personhood, Ethics, and Animal Cognition: Situating Animals in Hare's Two-Level Utilitarianism*, Oxford University Press.
Williams, Howard 2003 *The Ethics of Diet: A Catena of Authorities Deprecatory of the Practice of Flesh-Eating*, Introduction by Carol J. Adams, Urbana and Chicago: University of Illinois Press.
アリストテレス、朴一功訳『ニコマコス倫理学』京都大学学術出版会、二〇〇二年

伊勢田哲治『動物からの倫理学入門』名古屋大学出版会、二〇〇八年
ダニエル・インホフ編、井上太一訳『動物工場――工場式畜産CAFOの危険性』緑風出版、二〇一六年
P・アーン・ヴェジリンド／アラステェア・S・ガン、社団法人日本技術士会環境部会訳編『環境と科学技術者の倫理』丸善、二〇〇〇年
小沢佳史「J・S・ミルの権利論」、田上孝一編著『権利の哲学入門』社会評論社、二〇一七年
パオラ・カヴァリエリ／ピーター・シンガー編、山内友三郎・西田利貞監訳『大型類人猿の権利宣言』昭和堂、二〇〇一年
イマヌエル・カント、加藤新平・三島淑臣訳『人倫の形而上学』、野田又夫責任編集『カント　世界の名著39』中央公論社、一九七九年
イマヌエル・カント、御子柴善之訳『コリンズ道徳哲学』、『カント全集20　講義録Ⅱ』岩波書店、二〇〇二年
J・B・キャリコット「動物解放論争――三極対立構造」、小原秀雄監修『環境思想の系譜3　環境思想の多様な展開』東海大学出版会、一九九五年
キャス・R・サンスティン／マーサ・C・ヌスバウム編、安部圭介・山本龍彦・大林啓吾監訳『動物の権利』尚学社、二〇一三年
ジョン・シード／ジョアンナ・メイシー／パット・フレミング／アルネ・ネスほか、星川淳監訳『地球の声を聴く』ほんの木、一九九三年
テッド・ジェノウェイズ、井上太一訳『屠殺――監禁畜舎・食肉処理場・食の安全』緑風出版、二〇一六年

島崎隆『ヘーゲル弁証法と近代認識――哲学への問い』未來社、一九九三年
ピーター・シンガー編、戸田清訳『動物の権利』技術と人間、一九八六年
ピーター・シンガー、児玉聡・石川涼子訳『あなたが救える命――世界の貧困を終わらせるために今すぐできること』勁草書房、二〇一四年
ピーター・シンガー、関美和訳『あなたが世界のためにできるたったひとつのこと――〈効果的な利他主義〉のすすめ』NHK出版、二〇一五年
マイケル・A・スラッシャー、井上太一訳『動物実験の闇――その裏側で起こっている不都合な真実』合同出版、二〇一七年
共同訳聖書実行委員会『聖書　新共同訳』日本聖書協会、一九八七年・一九八八年
ジョン・ソレンソン、井上太一訳『捏造されるエコテロリスト』緑風出版、二〇一七年
ジェイムズ・ターナー、斎藤九一訳『動物への配慮――ヴィクトリア時代精神における動物・痛み・人間性』法政大学出版局、一九九四年
田上孝一『実践の環境倫理学――肉食・タバコ・クルマ社会へのオルタナティヴ』時潮社、二〇〇六年
田上孝一『マルクス疎外論の諸相』時潮社、二〇一三年
田上孝一『マルクス疎外論の視座』本の泉社、二〇一五年
田上孝一「動物の権利」、田上孝一編著『権利の哲学入門』社会評論社、二〇一七年
田上孝一『環境と動物の倫理』本の泉社、二〇一七年
田上孝一『マルクス哲学入門』社会評論社、二〇一八年
田上孝一「動物と徳――徳倫理学的アプローチの可能性と限界」、菊池理夫・有賀誠・田上孝一編著『徳

と政治――徳倫理と政治哲学の接点』晃洋書房、二〇一九年
ジョゼフ・R・デ・ジャルダン、新田功・生方卓・藏本忍・大森正之訳『環境倫理学――環境哲学入門』出版研、二〇〇五年
カタジナ・デ・ラザリ＝ラデク／ピーター・シンガー、森村進・森村たまき訳『功利主義とは何か』岩波書店、二〇一八年
デヴィッド・ドゥグラツィア、戸田清訳『動物の権利』岩波書店、二〇〇三年
フランス・ドゥ・ヴァール、西田利貞・藤井留美訳『利己的なサル、他人を思いやるサル――モラルはなぜ生まれたのか』草思社、一九九八年
スー・ドナルドソン／ウィル・キムリッカ、青木人志・成廣孝監訳『人と動物の政治共同体――「動物の権利」の政治理論』尚学社、二〇一六年
キース・トマス、山内昶監訳『人間と自然界――近代イギリスにおける自然観の変遷』法政大学出版局、一九八九年
アラン・ドレングソン・井上有一共編、井上有一監訳『ディープ・エコロジー――生き方から考える環境の思想』昭和堂、二〇〇一年
デビッド・A・ナイバート、井上太一訳『動物・人間・暴虐史――〝飼い貶し〟の大罪、世界紛争と資本主義』新評論、二〇一六年
アルネ・ネス、斎藤直輔・開龍美訳『ディープ・エコロジーとは何か――エコロジー・共同体・ライフスタイル』文化書房博文社、一九九七年
ロザリンド・ハーストハウス、土橋茂樹訳『徳倫理学について』知泉書館、二〇一四年

浜田義文『カント倫理学の成立——イギリス道徳哲学及びルソー思想との関係』勁草書房、一九八一年
濱野ちひろ『聖なるズー』集英社、二〇一九年
ゲイリー・L・フランシオン、井上太一訳『動物の権利入門——わが子を救うか、犬を救うか』緑風出版、二〇一八年
ヘーゲル、松村一人訳『小論理学（上）（下）』岩波文庫、一九七八年
デイヴィッド・ベネター、小島和男・田村宜義訳『生まれてこないほうが良かった——存在してしまうことの害悪』すずさわ書店、二〇一七年
マーク・ホーソーン、井上太一訳『ビーガンという生き方』緑風出版、二〇一九年
リン・ホワイト、青木靖三訳『機械と神——生態学的危機の歴史的根源』みすず書房、一九九九年
光永雅明「『文明社会』における動物たち——ヘンリ・S・ソルトーによる動物の擁護」、神戸市外国語大学外国語研究第八五巻、二〇一三年
ハンス・リューシュ、荒木敏彦・戸田清訳『罪なきものの虐殺——動物実験全廃論』新泉社、一九九一年
アンドリュー・リンゼイ、宇都宮秀和訳『神は何のために動物を造ったのか——動物の権利の神学』教文館、二〇〇一年
アルド・レオポルド、新島義昭訳『野生のうたが聞こえる』講談社学術文庫、一九九七年

田上孝一（たがみ　こういち）

一九六七年東京生まれ。社会主義理論学会事務局長、立正大学人文科学研究所研究員。哲学・倫理学専攻。一九八九年法政大学文学部哲学科卒業、一九九一年立正大学大学院文学研究科哲学専攻修士課程修了、二〇〇〇年博士（文学）。著書に『実践の環境倫理学』（時潮社）、『本当にわかる倫理学』（日本実業出版社）、『マルクス疎外論の視座』『環境と動物の倫理』（ともに本の泉社）、『マルクス哲学入門』（社会評論社）など。

はじめての動物倫理学

集英社新書一〇六〇C

二〇二一年三月二二日　第一刷発行
二〇二三年三月一二日　第二刷発行

著者……田上孝一
発行者……樋口尚也
発行所……株式会社集英社
東京都千代田区一ツ橋二-五-一〇　郵便番号一〇一-八〇五〇
電話　〇三-三二三〇-六三九一（編集部）
〇三-三二三〇-六〇八〇（読者係）
〇三-三二三〇-六三九三（販売部）書店専用

装幀……原　研哉
印刷所……凸版印刷株式会社
製本所……ナショナル製本協同組合

定価はカバーに表示してあります。

ISBN 978-4-08-721160-3 C0212　Printed in Japan

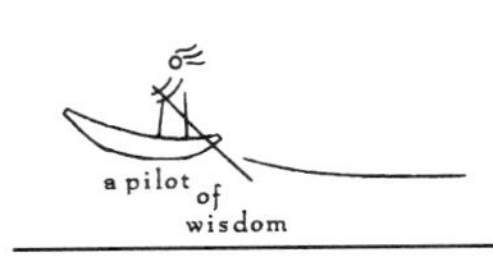

花ちゃんのサラダ　昭和の思い出日記〈ノンフィクション〉
南條竹則　1048-N
懐かしいメニューの数々をきっかけに、在りし日の風景をノスタルジー豊かに描き出す南條商店版『銀の匙』。

万葉百歌　こころの旅
松本章男　1049-F
随筆の名手が万葉集より百歌を厳選。瑞々しい解釈と美しいエッセイを添え、読者の魂を解き放つ旅へ誘う。

拡張するキュレーション　価値を生み出す技術
暮沢剛巳　1050-F
情報を組み換え、新たな価値を生み出すキュレーション。その「知的生産技術」としての実践を読み解く。

福島が沈黙した日　原発事故と甲状腺被ばく
榊原崇仁　1051-B
福島原発事故による放射線被害がいかに隠蔽・歪曲されたか。当時の文書の解析と取材により、真実に迫る。

女性差別はどう作られてきたか
中村敏子　1052-B
なぜ、女性を不当に差別する社会は生まれたのか。西洋と日本で異なる背景を「家父長制」から読み解く。

退屈とポスト・トゥルース　SNSに搾取されないための哲学
マーク・キングウェル／上岡伸雄・訳　1053-C
哲学者であり名エッセイストである著者が、ネットとSNSに対する鋭い洞察を小気味よい筆致で綴る。

アフリカ　人類の未来を握る大陸
別府正一郎　1054-A
二〇五〇年に人口が二五億人に迫ると言われるアフリカ大陸の現状と未来を現役NHK特派員がレポート。

〈全条項分析〉日米地位協定の真実
松竹伸幸　1055-A
敗戦後日本政府は主権国家扱いされるため、如何に考え、米国と交渉を行ったか。全条項と関連文書を概観。

赤ちゃんと体内時計　胎児期から始まる生活習慣病
三池輝久　1056-I
生後一歳半から二歳で完成する体内時計。それが健康にもたらす影響や、睡眠治療の検証などを提示する。

原子力の精神史――〈核〉と日本の現在地
山本昭宏　1057-B
広島への原爆投下から現在までを歴史的・思想史的にたどり、日本社会と核の関係を明らかにする。